二戰 WWII
戰術入門

田村尚也

楓樹林

前言

本書的前半部著重於探討參與第二次世界大戰的主要國家，即日本、美國、德國、蘇聯、英國等國的陸軍，並以步兵、裝甲部隊和砲兵為主題，進行具體的戰術和編制解說：後半部則將重點放在戰術原則解釋，以及基本的軍事術語等概念性內容。

需要特別注意的是，本書所敘述的僅代表一般情況下的編制和戰術，實際情況會因國家、時期、部隊等因素，而存在許多例外。為了易於理解，本書有時會將專業術語改寫為通俗易懂的用語，或刻意簡化事情的原委，敬請見諒。

這本書是根據雜誌：歷史群像（學習研究社刊）２００２年８月號、10月號、12月號、２００３年２月號、４月號、６月號、８月號、10月號、12月號、２００４年２月號中，所連載的「戰術入門」，在大幅修訂後製作而成的。

目錄
contents

●主要参考文献

陸戦学會『戦術入門』陸戦学會編集理事會 1990年
偕行社編纂部『赤軍野外教令』偕行社 1937年
陸軍大学校將校集會所『軍隊指揮』干城堂 1936年
参謀本部『佛軍大單位部隊戰術的用法教令』干城堂 1939年
陸軍省『作戦要務令』池田書店 1970年(復刻版)
陸軍省『歩兵操典』日本兵書出版 1940年(縮製)
偕行社編纂部『ソ軍戰闘法圖解』(『偕行社記事』特号第八百七号附録)偕行社 1941年
セデヤキン著(参謀本部訳)『赤軍讀本』偕行社 1936年
ケネス・マクセイ(菊池晟 訳)『米英機甲部隊』産経新聞 1973年
ヴォルフガング・シュナイダー『パンツァータクティク』大日本絵画 2002年
オスプレイ・ミリタリー・シリーズ『世界の戦車イラストレイテッド』各巻 大日本絵画 2000年〜
War Department『FM 100-5,Field Service Regulations,Operations』United States Government Publishing Office 1941年版、1944年版
Steven H. Newton『German Battle Tactics on the Russian Front 1941-1945』Schiffer Publishing Ltd.1994年
Great Britain.Army.Middle East Forces.General Staff Intelligence『Brief notes on the German army in war』G.S.I.(A)G.H.Q.Middle East Force 1942年
W. Victor.Madej編『Russo-German War,June 1941- May 1945 (Supplement) Small Unit Actions,Improvisations and Partisan Warfare』Valor Publishing Company 1986年
U.S.Department of the Army『Russian Combat Methods in World WarⅡ』University Press of the Pacific 2002年
『ミリタリー・クラシックス』各号 イカロス出版
『歴史群像』『歴史群像太平洋戦史シリーズ』『第二次大戦欧州戦史シリーズ』各号 学研
『グランドパワー』各号 デルタ出版／ガリレオ出版
『戦車マガジン』各号 戦車マガジン／デルタ出版
『PANZER』各号 サンデーアート社／アルゴノート
『コマンドマガジン日本版』各号 国際通信社

第一部

步兵部隊

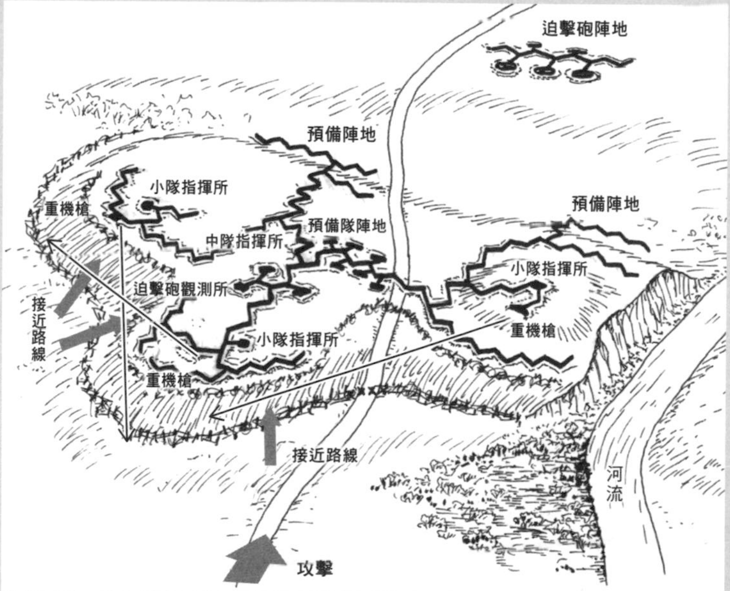
迫擊砲陣地
預備陣地
小隊指揮所
重機槍
預備陣地
中隊指揮所
預備隊陣地
迫擊砲觀測所
小隊指揮所
接近路線
小隊指揮所
重機槍
重機槍
接近路線
河流
攻擊

各國陸軍的主力部隊是步兵

第二次世界大戰的主要參戰國大多都將步兵視為主力部隊。例如，在對蘇聯的「巴巴羅薩行動」中，德軍投入了141個師，其中108個師，即接近80%的部隊是尚未進行機械化的步兵師。即使是在裝甲部隊表現卓越的情況下，德軍的主力部隊在數量上仍然是以步兵為主。然而，在戰史的記載中，描述的重點常常側重於裝甲部隊在進攻上的作用，很少有關於步兵作戰的詳細紀錄。關於步兵的編制和戰術分析，與裝甲部隊相比也顯得極為罕見。

但實際上，即使是小規模的作戰，前線上對陣的兩軍步兵之間仍然經常發生規模不一的大小戰鬥。

與裝甲部隊相同，步兵的編制在其背後也有著明確的運用理念，戰術上也有著堅實的原則。儘管相對低調，但關於步兵的編制和戰術其重要性並不比裝甲部隊的來得小。因此，本篇將著重於解說第二次世界大戰主要參戰國的步兵編制和戰術。需要注意的是，這裡所敘述的編制、戰術和裝備僅代表一般情況下的狀況，實際情況會受國家、時期和部隊等因素的影響，因此存在許多例外。為了易於理解，文中有時會將專業術語改寫為通俗易懂的用語，或特意簡化其中原委，敬請見諒。

第1章 步兵班～步兵小隊

步兵班的編制

首先，讓我們來看一下最小的部隊單位——步兵班的編制和裝備。

各個國家的步兵班其定員大多維持在10名左右，但不同的國家、部隊和時期，定員的人數會有相當大的差異。例如，日軍的某些步兵班其編制為15名，而蘇軍則有部分的[※1]步兵班採用7名的編制。整體來看，戰爭初期的定員人數比較多，大約在10～13名左右，隨著戰爭接近尾聲，開始出現7～9名的編制。

造成這種情況的原因有：人員損耗，以及可動員的人口數大幅減少，迫使部隊不得不縮小規模；同時，大幅提升的武器性能也讓小隊能僅靠幾個人就發揮出強大的火力。以德軍為例，戰爭末期[※2]擲彈兵師團中的步兵班其定員數就從傳統的10名減少為9名，但通過增加短槍等裝備，讓較少的人員編制其攻擊力也不遜於傳統編制。

但如果規模縮減得太多，當出現人員折損時，戰鬥力的下降就會變得非常明顯，這是一個缺點。例如，當有1名傷兵需要治療時，對於15人編制的小隊來說，戰鬥力下降約13％，但對於一個7人編制的小隊來說，戰鬥力將下降29％左右。即使兩個小隊擁有相同的戰鬥力，但人數的減少卻演變成巨大的戰鬥力下降，大幅降低部隊的耐久力。

※1　蘇聯的步兵常被稱為狙擊部隊，但本書統一以「步兵」來稱呼。
※2　擲彈兵原指負責投擲手榴彈等武器的精銳步兵。二戰末期，為了提振士氣，德軍將傳統步兵改稱為擲彈兵。

各國步兵班的編制和主要裝備

美軍(1944～1945)

- 小隊本部
  - 步兵班
  - 步兵班
  - 步兵班

步兵班
人員×12、短機槍×1、半自動步槍×9、BAR機槍×1、狙擊步槍×1(M1903步槍或M1半自動步槍)

德軍(1939～1943)

- 小隊本部
  - 步兵班
  - 步兵班
  - 步兵班
  - 輕迫擊砲班

步兵班
人員×10、突擊步槍×2、輕機槍×1、步槍×7
輕迫擊砲班
人員×3、突擊步槍×1
5cm輕迫擊砲×1

英軍(1940～1945)

- 小隊本部
  - 本部班
  - 步兵班
  - 步兵班
  - 步兵班

本部班
人員×10、步槍×6
2英寸迫擊砲×1、
反坦克步槍或
反坦克榴彈發射器×1
步兵班
人員×10、短機槍×1、輕機槍×1、步槍×8

日軍(1940～1945)

- 小隊本部
  - 輕機槍班
  - 輕機槍班
  - 輕機槍班
  - 榴彈筒班

輕機槍班
人員×12、輕機槍×1
步槍×11
榴彈筒班
人員×12、榴彈筒×3
步槍×9

蘇軍(1941 7～12月)

- 小隊本部
  - 步兵班
  - 步兵班
  - 步兵班
  - 步兵班

步兵班
人員×12 輕機槍×1、
自動步槍×1、
短機槍×1、
步槍×10

※根據動員時期，德軍的編制有幾種不同的類型。此外，在1943年之前並沒有輕迫擊砲班的編制。
※根據時期和不同的裝備，日軍的編制也有好幾種類型。

編成和編制

「編成」意指集合許多人或物品來組裝某物，不僅用於軍事上，還用於預算編列、節目安排等非軍事領域。同時，「編成」也可作為動詞。

而「編制」則用於明確的軍事組織、各階級的人數、裝備和補給等情況，也用於表示確定的組織狀態。且「編制」並不作為動詞使用。一個簡單的例子是「打破正規的編制，臨時編成部隊」。

當然，不管編制的定員數是多少，一旦進行戰鬥，總會有傷亡，而且空缺可能不會立即得到補充。因此，各國的步兵班並不總是在滿員的情況下進行作戰。

小隊的指揮官即小隊長通常由士官擔任，而副小隊長則由比小隊長低一級的士官，例如中士擔任。當小隊分成兩個或更多的班時，一個班由小隊長直接指揮，其餘的班則由副小隊長指揮。

如果小隊長陣亡或身受重傷無法指揮時，則由副小隊長接替小隊長的職位；副小隊長的職位則由低中士一級的人員，例如上等兵接替。

如果連上等兵也無法指揮時，則由下一階級，例如小隊中最先晉升的士兵擔任該職位。然而，至於哪個階級歸為士官則會因國家的不同而有所差異，且各國的軍事制度大相徑庭，對於階級的稱呼方式也未必一致。因此，在後續的描述中，請將階級的相關敘述視為通例。

步槍

步兵班的主力是持有步槍的士兵，也就是步槍兵。

除了美軍之外，各國的步兵所裝備的步槍大多是需要手動操作槍機以排出彈殼、裝填下一發子彈的栓式步槍。與第一次世界大戰時所使用的步槍相比，這類步槍的槍管稍短，但主要的基本結構是相同的。

1907年採用的英國李－恩菲爾德Mk.Ⅲ。彈匣容量大，射速快。口徑7.69㎜，彈匣容量10發。

德國軍的主力步槍，毛瑟Kar98K。K代表「短」（Kurz）。口徑為7.92㎜，彈匣容量為5發。

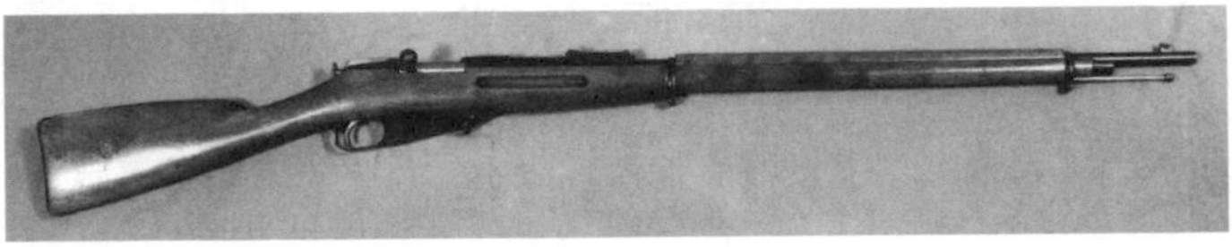

蘇軍的主力步槍，莫辛－納甘M1891/10。這是1891年版的M1891改良型。口徑為7.62㎜，彈匣容量為5發。

明治38年（1906年）採用的三八式步槍。口徑為6.5㎜，彈匣容量為5發。由於口徑較小，威力稍顯不足。（插圖／峠タカノリ）

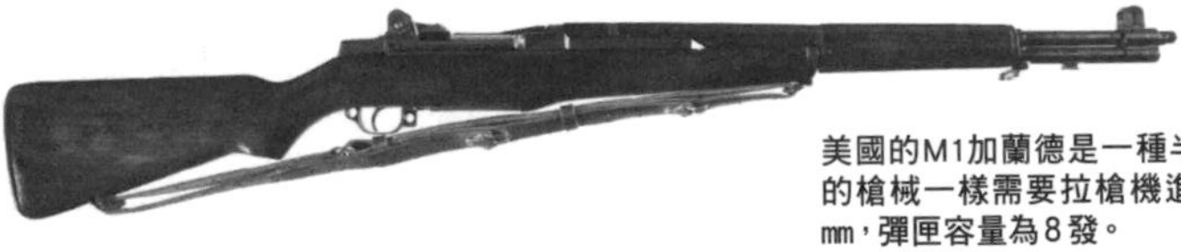

美國的M1加蘭德是一種半自動步槍，不像其他的槍械一樣需要拉槍機進行填彈。口徑為7.62㎜，彈匣容量為8發。

當時的軍用栓式步槍其彈匣容量通常為5發；但英軍的主力步槍——李・恩菲爾德步槍則裝配有10發彈量的彈匣。此外，李・恩菲爾德步槍的槍機前後行程較短，具有極快的再裝填速度，是當時最為高級的栓式步槍。

英國的步槍射擊訓練對射速的要求遠高於精準度，因此大容量的彈匣非常適合這種訓練要求。第一次世界大戰，裝有10發彈匣的李・恩菲爾德Mk.Ⅰ步槍在英國已經制式化了，這顯示他們早就意識到火力的重要性。

而美軍則是唯一一支裝備自動步槍的國家。以開發者名字命名的加蘭德步槍（Garand Rifle）或稱為M1步槍，在扣動扳機時會自動裝填下一發子彈。但加蘭德步槍僅支持半自動射擊，即每次扣動扳機時只能發射一發子彈，無法像輕機槍那樣實現全自動射擊。彈藥以裝有8發子彈的漏夾裝填。每當最後一發子彈射出時，漏夾就會連同彈殼一起從彈匣彈出。

由於自動步槍的射速較快且火力較強，因此可以實現在栓式步槍中難以實現的「行進間射擊」，也就是在前進的同時，進行射擊。因此，在面對火力單薄的敵軍時，步槍兵可以採取橫列散開、邊進行射擊邊前進的經典戰術。但在沒有火力支援（如迫擊砲等）的情況下，貿然採用這種戰術來對抗火力強大的敵軍是相當危險的，有可能造成重大的傷亡。

二戰初期，美軍主要使用的M1903春田步槍。口徑為7.62mm，彈匣容量為5發。照片是1943年拍攝的，裝有瞄準鏡的M1903A4狙擊步槍。

自動步槍在火力方面所具有的優勢相當明顯，但由於其機械結構複雜且生產成本高，能夠大量生產並提供足夠彈藥供應的國家，幾乎只有美國而已。

即便是美國，在戰爭初期仍以配備槍機的斯普林菲爾德M1903步槍為主要步槍。這款步槍於１９０３年6月制式化，比於明治39年（１９０６年）5月制式化的三八式步槍還要古老。

此外，蘇軍的主力步槍是莫辛・納甘Ｍ１８９１／30步槍，於１８９１年制式化，也比三八式步槍古老。當日本換裝口徑較大的九九式步槍時，有些國家仍在使用老舊的步槍參與戰爭。

輕機槍

步兵班的主力是步槍兵，但火力的核心卻是輕機槍。

輕機槍可以進行全自動射擊，即在扣動扳機下進行連續射擊，能提供比步槍更為強大的火力。除了美軍外，其它各主要國家的步兵班也都有由一名機槍手和數名攜帶彈藥的彈藥手（配備步槍或手槍）所組成的輕機槍小組（隊），他們至少都配備一挺可以與步槍兵一同前進的輕型機槍。

回顧歷史，直到第一次世界大戰中期，輕機槍的主要部署層級大多還停留在團和營級單位，還沒有下放到班級單位。

戰爭初期，步兵中隊常會以排成一條線的方式來發起衝鋒。必須等到第一次世界大戰末期德國突擊部隊引入「滲透戰術」後，類似步兵班這樣的小單位才能夠自主地執行靈活的戰術行動。滲透戰術通常會將部隊分成多個小單位，集中攻擊敵人的弱點，以打開缺口；並讓後方部隊包圍敵人的側翼和後方據點，向敵人的後方推進以滲透進敵方戰線。

一般而言，當機槍進行長時間的連續射擊後，槍管會因加熱而磨損，導致精度下降或是發生爆炸。因此，第一次世界大戰初期，各主要國家的機槍大多採用能進行穩定連續射擊的水冷式重機槍（法軍的主力機槍為空冷式）。然而，由於水冷式重機槍非常重且體積龐大，難以隨步兵快速前進。

因此，從第一次世界中期開始，儘管連續射擊的能力較差，但重量輕便不少的空冷式輕機槍還是受到相當程度的歡迎。在此期間，法國將步兵的最小戰鬥單位定為「半小隊」（後來改為戰鬥群），並在半小隊中配備輕機槍。在士官的指揮下進行獨立的戰鬥，利用戰場地形避開敵人的火力攻擊，趁機發動突襲，甚至包圍敵方的機槍陣地。這種戰術被日軍稱為「戰鬥群戰法」，後來成為各國的小單位戰術基礎。

在一戰期間，美軍將布朗寧自動步槍（（Browning Automatic Rifle，BAR）制式化，日本則在一戰後制式化了十一年式輕機槍（十一年式指大正11年，即１９２２）。再過兩年左右，法國將沙特洛Mle１９２４輕機槍制式化，而蘇聯、義大利等國家在開發和裝備現代化輕機槍上，則是更晚之後的事情了。

作為武器大國，美國在西部拓荒時期就已經開發出可稱得上輕機槍先驅的ＢＡＲ了，而在一戰中獲得許多戰鬥經驗的軍事大國法國，會早早引進現代化輕機槍也就不足為奇了。然而，日本卻也意外地很早就開始開發輕機槍了。

二戰期間，美國步兵班所裝備的並非輕機槍，而是自動步槍BAR。BAR的彈匣容量僅有20發，火力較其他國家的輕機槍弱；性能可說是介於自動步槍和輕機槍之間。BAR在火力上的不足，雖然被半自動M1步槍所彌補，但在二戰末期的1945年，每個班所裝配的BAR數量

美軍在朝鮮戰爭中使用的Browning自動步槍（BAR）M1918，被當作輕機槍使用。口徑7.62mm，射速每分鐘500發，使用容量20發的盒形彈匣。照片中是一支遊騎兵巡邏小隊，在坦克的掩護下持槍待命。

英軍的主力輕機槍布倫Mk.Ⅰ，使用弧型彈匣。口徑為7.69mm，射速為每分鐘500發，彈匣容量30發。

圓形彈匣是蘇聯的主力輕機槍德加雷夫DPM的特色。口徑為7.62mm，射速為520至580發/分，圓盤型彈匣的容量為47發。

已增加至2挺。

二戰中，德軍的主力機槍MG34和MG42，在裝上腳架和彈鼓後就成了輕機槍，能隨步兵前進；裝上三腳和彈鏈就成了重機槍，能固定在陣地上使用，這就是多用途機槍（俗稱通用機槍）。槍管過熱的問題則透過備用槍管和快速更換機制來解決。

這種多用途機槍的設計理念也延續到二戰後的美國M60通用機槍上。受到凡爾賽條約嚴格限制的德國，因為無法對水冷式重機槍進行改良，只好將發展方向轉為空冷式機槍，但卻因此而抓住了時代的先機啊。

九六式輕機槍（日本）是對故障頻繁的十一年式機槍進行改良而成。口徑為6.5㎜，射速為每分鐘500發，裝有30發子彈的盒形彈匣。（插圖／峠タカノリ）

MG34（德國）是一款多功能機槍，可作為輕機槍或重機槍。以極快的射速聞名。圖片是裝上雙腳作為輕機槍的模樣。口徑為7.92㎜，射速達每分鐘900發，圓鼓型彈匣的容量為50發。

短機槍與突擊步槍

短機槍（亦稱衝鋒槍）是種使用手槍子彈的小型全自動射擊武器，其特點是射程雖短，但卻能發揮較大的火力。最初（一戰期間）是用於壕溝裡的近距離戰鬥，可以說是一種「槍劍一體」的武器裝備。

但由於使用的是動能較小的手槍子彈，因此對作動機構的堅固度要求沒有機槍那麼高，可以採用輕量且簡單的結構。所以，在大量生產上相對容易也是其重要特點。此外，由於是在近距離下散射子彈的，因此不需要精確的射擊技術，士兵需要接受的訓練也相對較少，這也是優勢之一。

英軍和美軍會讓小隊中的一名或兩名士官配帶短機槍。在戰爭初期，德軍則是讓隊長和分隊長配戴步槍，後來才改為短機槍的。戰前，蘇軍曾計畫讓全軍配備自動步槍，但實際上只有部分的下級士官有此裝備。蘇德戰爭爆發後，便將重心轉到容易生產的短機槍上了。

日軍在當時並沒有大量生產結構簡單的短機槍，只有少數特種部隊如挺進部隊（傘兵部隊）使用了相對較為複雜的一〇〇式機關短槍。日本陸軍的主要想法是預期會在開闊的大陸上遭遇蘇聯陸軍，因此對射程較短的短機槍並不重視。某程度上說來，這也是無可奈何的事。

作為一個特殊例子，在蘇聯的軍隊中有支全體成員都裝備短機槍的分隊，這支分隊經常作為坐在戰車上的「坦克登陸」部隊使用，多用於偵察或乘坐戰車迅速接近敵軍，在進入短機關槍

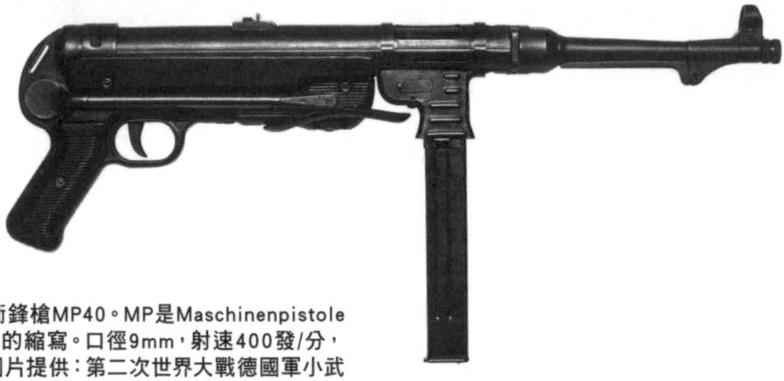

德軍的主力衝鋒槍MP40。MP是Maschinenpistole（機槍手槍）的縮寫。口徑9mm，射速400發/分，30發彈匣（圖片提供：第二次世界大戰德國軍小武器圖鑑 https://www.german-smallarms.com/）

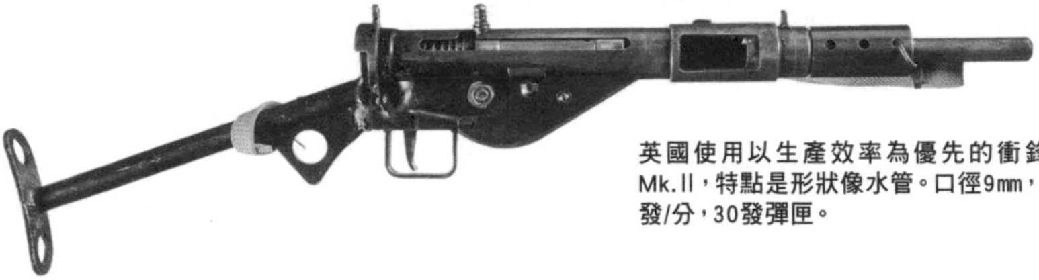

英國使用以生產效率為優先的衝鋒槍斯登Mk.II，特點是形狀像水管。口徑9㎜，射速450發/分，30發彈匣。

蘇軍的PPSh-41衝鋒槍以圓形彈匣聞名。口徑為7.62×25㎜（手槍彈），射速900發/分，彈匣容量為60發。暱稱為「佩佩莎」，德軍被它稱為曼德林或巴拉拉卡。

的有效射程後便發動奇襲。

在戰爭後期，部分的德軍步兵班裝備了威力介於步槍彈和手槍彈之間的短小彈（Kurz Patrone），它是突擊步槍的使用彈藥。短小彈的有效射程約為400米，略短於傳統的步槍子彈，但由於迫擊砲等步兵支援武器的發展，步兵的交戰距離已經比當初設計步槍時要短很多了，因此短小彈這樣的射程

十年式機槍，裝上刺刀和雙腳。口徑：8mm，射速450發/分（早期型）/700～800發/分（後期型），30發彈匣。

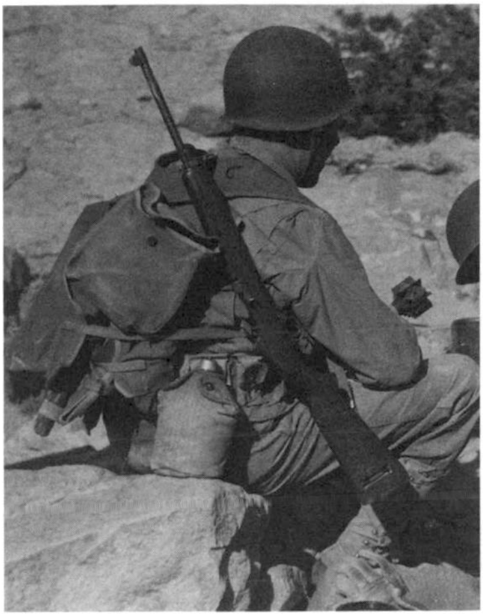

美軍最初開發M1卡賓槍是為了給騎兵使用，但由於其輕巧便捷的特性，也被普通步兵所使用。口徑為7.62mm（卡賓槍），彈匣容量為15發或30發。

美軍使用的湯普森M1928A1衝鋒槍。暱稱湯米槍，以被艾爾·卡彭等黑幫廣泛使用而聞名。口徑11mm（.45口徑），射速800發/分，彈匣容量30發。

世界上第一款突擊步槍

StG44可說是世界上第一款正式裝備化的突擊步槍。

1938年春季，德國陸軍與哈內爾公司簽訂了一項使用Kurz-Patrone（簡稱為機槍卡賓槍，縮寫為MKb，所使用的子彈比傳統的步槍子彈還小）的開發合同。後來，華爾瑟公司也加入了開發，哈內爾公司生產了MKb42（H），而華爾瑟公司則負責生產MKb42（W）。1942年，在東線的霍爾姆，一支名為謝勒戰鬥團的部隊被蘇軍圍困，StG44被空運到該地進行實戰測試（後來這支部隊成功突圍並逃脫）。測試結果認為MKb42（H）更加優秀，於是便開始進行量產。

由於使用的新式彈藥，間接導致補給的負擔增加，以及短小子彈因射程較短等原因，被當時的總理兼國防軍最高統帥兼陸軍總司令阿道夫·希特勒拒絕了量產許可。因此，德軍的負責人只能私下偷偷量產並給予MP43這個短機槍的名稱。隨後，1943年底，東線的師長紛紛要求增援MP43，希特勒得知後終於批准了突擊步槍的量產。

MP43最終更名為StG44。StG是Sturmgewehr的縮寫，意思是突擊步槍。這種結合自動步槍和短機槍優秀的概念延續現今，幾乎所有國家都將突擊步槍當作步兵的主要武器來裝備。

現代陸軍主流裝備的鼻祖——突擊步槍StG44。

戴著防毒面具的中國士兵，使用的是捷克製ZB vz26輕機槍，曾被日軍大量繳獲，且深受喜愛。口徑為7.92mm，射速500發/分，彈匣容量30發。

已經足夠了。

這種突擊步槍可以切換為半自動或全自動模式。半自動模式下可作為自動步槍，全自動模式下則可作為短機槍使用。在東線戰場上，可以遠距離狙擊來襲的蘇聯士兵，一旦距離拉近後，也能展現出與短機槍不相上下的火力。

美軍也使用M1卡賓槍，它所使用的彈藥比步槍彈還小。雖然名為卡賓槍，但卻比步槍輕巧，主要是作為砲兵和指揮官的自衛性武器而開發的，在步兵班中也很常見。

隨著戰爭的進行，一般士兵也開始攜帶短機槍，英國步兵班甚至裝備了兩挺布倫輕機槍。

日軍從中國軍隊中繳獲了捷克製的ZBvz26輕機槍，將其視為寶物。而東線上的德國老兵則更喜歡蘇聯製的PPsh41短機槍，因為相對於自己的國家——德國所製造的MP40短機槍，其機構雖精密但非常脆弱，PPsh41短機槍雖然粗糙但卻堅固耐用，且彈藥容量大。

這表明除了制式的裝備外，前線的步兵還配置其它武器的情況並不罕見，用著繳獲來的敵方武器也時有所聞。

步兵班的基本戰術

讓我們來看看步兵班的基本戰術。

各主要國家的步兵班戰術在基本部分上並沒有太大的差異。例如：美軍所謂的基本戰術——射擊和移動，就是其中的基礎。

德軍小隊基本上分為火力強大的射擊組，和在射擊組火力掩護下向敵方推進的突擊組。射擊組由機槍手和兩名彈藥手組成，每組都由小隊長或副小隊長指揮。

美軍將12人編制的小隊分為三組。第一組由小隊長和兩名步槍兵組成，負責早期發現敵人；第二組由一名BAR手和三名步槍兵組成，負責射擊；第三組則由副小隊長和四名步槍兵組成，負責突擊。

除了將小隊分為射擊組和突擊組兩個部分外，英軍也採用了由機槍手和彈藥手組成的機槍組、由中士指揮的突擊組，以及由下士指揮的突擊組等三組。

在日軍的小隊中並沒有其他國家軍隊中的那種副小隊長，雖然有時會將指揮權委派給最資深的步槍兵，但這僅僅是臨時措施。如果需要將小隊分為兩部分時，通常會分為包括小隊長和機槍手在內的四人小組，其餘的步槍兵則組成另一個小組。

蘇軍基本上不對小隊進行分割。確切地說，是因為士官和士兵的訓練不足，無法進行分割。因此，通常會將一個小隊全都投入射擊或突擊的任務中。在其他主要國家的軍隊中，也經常有

◆步兵班的陣型

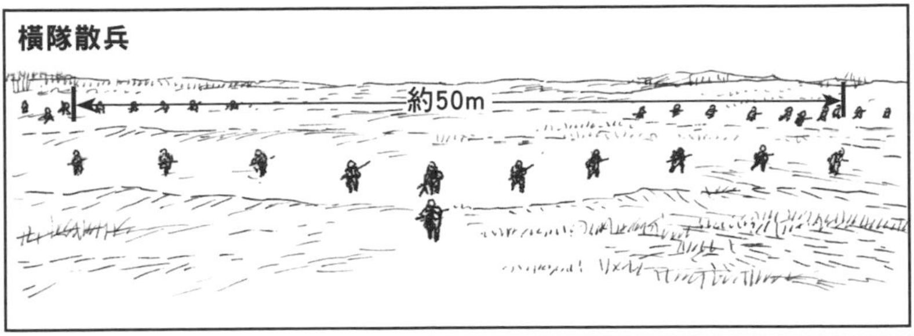

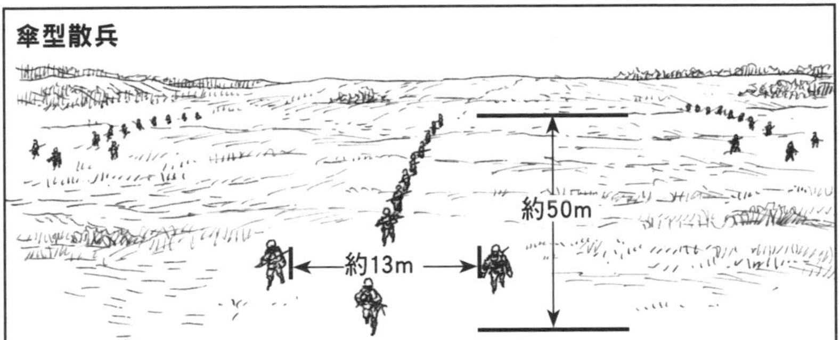

由於武器威力的提高，無法發揮步槍和刺刀威力的橫隊陣型已被淘汰。第二次世界大戰各國步兵班的陣型基本上分為射擊時的分散橫隊和前進時的傘形陣型兩種。這幅插圖是從步兵的視角來觀察前進的敵步兵部隊。從前方觀察時，可以看出傘形散兵的目標較小。※模型為日本軍。

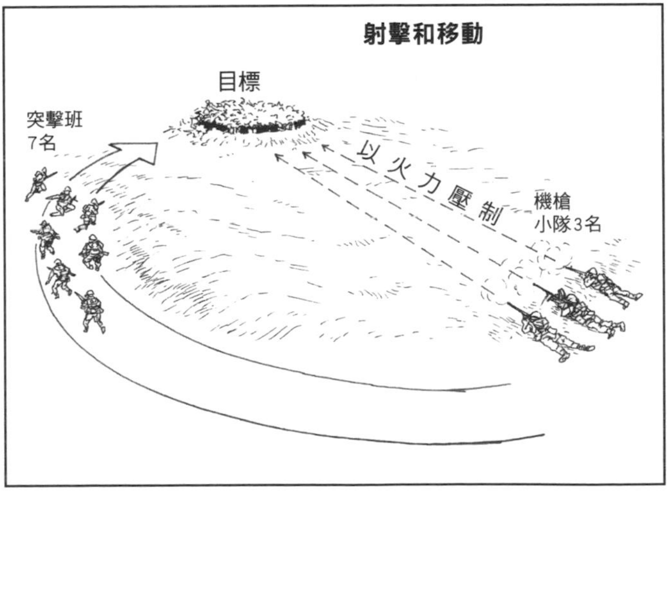

攻擊的基本原則是「射擊和移動」。射擊確保移動，移動則讓士兵能佔據有利的射擊位置。這幅插圖展示了英國步兵班的「射擊和移動」。在機槍的掃射下（使敵人無法抬頭觀察周圍情況或進行射擊），突擊班會繞到側面發動突襲。

不少只需一個小隊就能完成的任務，卻要一個分隊來執行。

射擊班以輕機槍為核心，通過強大的火力來壓制敵人。所謂的壓制，就是讓敵軍無法抬頭作戰。其目的在於使敵軍無法有效的發揮火力，而非每顆子彈都要擊中敵人。因此，有時會在敵軍的頭上進行掃射，而非針對特定人員進行射擊。這種方式通常稱為「壓制火力」，與一般意義上的火力有所區別，其重點不在於每一槍的準確度，而在於射擊速度。

從敵軍的角度來看，在彈如雨下的情況下冷靜持槍瞄準，這需要極強的心理素質。對於經驗不足的士兵來說，可能會此而失去控制，陷入恐慌，並自行撤退。相反的，強大的心理素質能使敵軍難以壓制。雖然經常可以看到關於日軍「非理性精神主義」的描述，但在訓練步兵的心理素質方面，並不算是「非理性」（正因如此，軍中才容易盛行「非理性」的精神主義）。

當射擊班通過火力壓制了敵軍後，突擊班便會趁著敵方火力停頓的時機向前推進。然而，盲目地穿越敵軍陣地是極其魯莽的。一旦友軍的掩護射擊因更換彈匣等原因而減弱時，敵軍便會從被壓制的狀態中恢復過來，這時突擊班就可能遭受到嚴重的攻擊。因此，在敵軍陣地前進時，通常是從掩護物到掩護物之間進行短距離的衝刺，日軍稱這種衝刺為「躍進」。根據日軍教範，躍進距離通常不超過30米，如果前進困難，則需要進一步縮短距離。

當突擊組成功移動並佔據有利位置後，就換射擊組準備進行前進，這時就改由突擊組提供掩護火力。這樣每個小組都會為了安全移動而進行射擊，為了進行有效射擊而移動。換句話說，射擊和移動是密不可分的，這就是所謂的「火力與移動」。

此外，如果無法通過射擊來迫使敵人撤退，最終將發起突擊以排除敵人。排除敵軍並確保區域是步兵的最基本任務。

至少需要接近到距離敵人50米左右，才會發起突襲。一旦發起突擊，就要迅速接近敵人，投擲手榴彈，最終進行白刃戰。在白刃戰中，主要是使用帶刺刀的步槍，但有時也會使用帶刃的鏟子等，作為武器。

承受敵軍猛烈火力而發起突擊的步兵，最需要的是精神力。為了鍛煉精神力，刺刀突擊訓練就變得非常重要。刺刀突擊和白刃戰聽起來像是過時的戰術，但即便是現代，２００４年英軍在伊拉克戰爭中仍然實施了刺刀突擊。只要步兵的「制壓」概念還存在，精神力的重要性就不會有太大的改變。

步兵班的編制和裝備

接下來讓我們來看看各主要國家的步兵班編制。

一般來說，小隊通常由３～４個步兵班組成。一般情況下，小隊長毀由少尉擔任，隊本部還會有一名幫助小隊長的小隊輔導員和通信兵等。這些小隊輔導員通常由經驗豐富的長官或老練的士官擔任。菜鳥升的少尉小隊長在取得豐富經驗、獨當一面之前仍需要許多方面的指導，這也是輔導員被賦予的重要任務。

在當時的士官學校中，經驗老道的教官會提出各種戰術上的問題，給學生一小時左右的時間思考後，針對問題進行回答，教官也會對學生的回答進行評定。因此，在需要迅速做出判斷的實戰情況下，「菜鳥少尉」還是需要一段時間的磨練才能派上用場。

然而，德軍的教育方式與其他國家的軍事教育略有不同，針對各種戰術問題，他們要求學生必須在2分鐘內做出回答。換句話說，在德軍，「快速的決策」比「完美的回答」更加受到重視。此外，教官還會任命回答問題的學生為班長，讓他依據回答的內容實際指揮其他的學生進行演練。二次大戰期間，德軍所展現的高超戰術能力其背後正是這種實戰教育的結果。

步兵小隊的裝備與步兵班的類似，但某些國家會在小隊層級部署少量的支援武器。例如，除了一般編制上的3個步兵班外，英國的步兵小隊還有由小隊長和小隊輔導員等8人所組成的本部班，配備有一門2英寸（50.8㎜）迫擊砲。另外，初期的蘇聯步兵小隊也配備有一門5㎝迫擊砲。

日本的步兵小隊編制原則上由前述的3個輕機槍班和1個榴彈筒班組成，不過由於輕機槍的產量有限，所以大多是由2個輕機槍班和2個榴彈筒班組成。每個榴彈筒班配備了三門功能上類似於5㎝迫擊砲的九九式重榴彈筒。然而，到了二次大戰中期，5㎝級別的輕迫擊砲在火力以及射程上已無法滿足實戰上的需求了；除了日軍以外，這款武器已逐漸被淘汰。

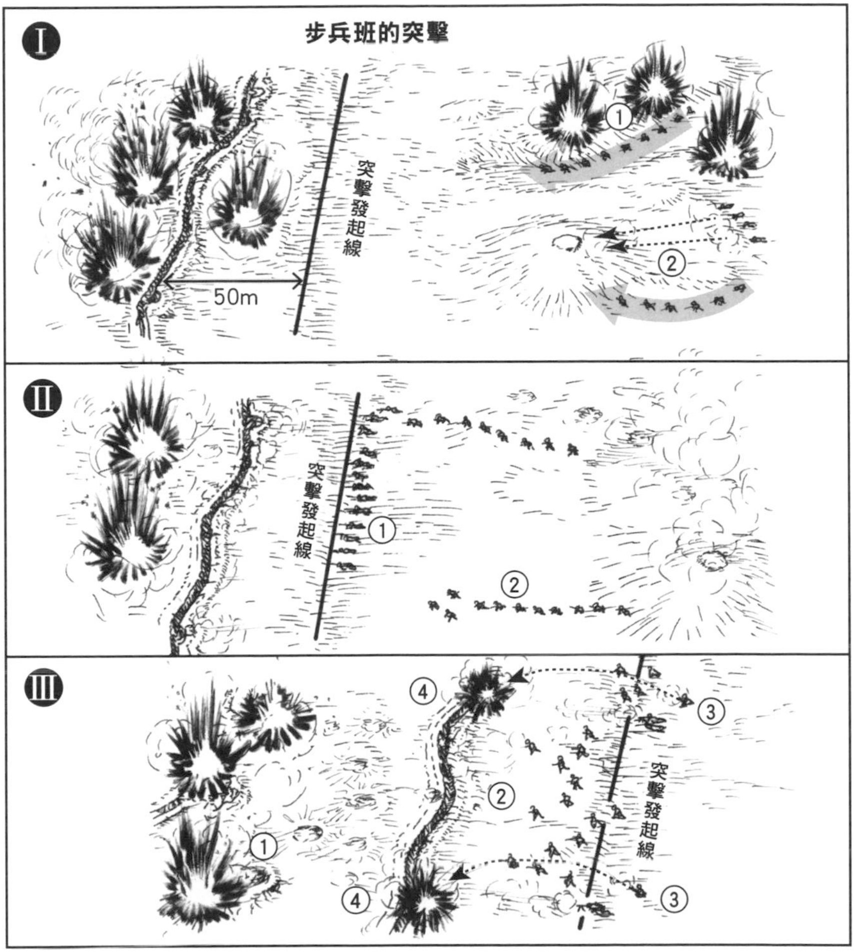

步兵在攻擊中的最終任務是佔領敵陣地。為了佔領敵陣地，通常需要進行突擊。這幅插圖描述了從日軍的步兵小隊前進到發起突擊的過程。

Ⅰ前進

在砲兵的突擊支援射擊的掩護下，小隊按照分隊分散行動，①利用地形避開敵方砲火，前進。同時，如②所示，以「射擊和移動」的方式自行清除像是敵前哨這類的小型阻抗點。

Ⅱ到達突擊發起線

各分隊相互支援，到達突擊發起線。在射擊時，採用橫列陣型；前進時，則以輕機槍為核心的突擊縱隊（傘形散兵）。

Ⅲ突擊發起

隨著最後一輪的支援射擊開始時，展開突擊行動。砲兵會延伸射程①。在最後一發砲彈命中敵陣時，步兵夠迅速衝入②。敵軍約需10秒的時間才能從砲火的震撼中恢復，而步兵在背負戰鬥裝備下每秒只能前進5米。為了填補這個火力上的「空白」，日軍的步兵班基本上會使用榴彈筒③，其目標通常是側面的火器④。

步兵小隊的戰術

小隊的戰術基本上與班級戰術相同，都是「火力與移動」。然而，小隊長需要掌握各班班長，並讓各班能互相支援，以發揮小隊的整體戰鬥力。例如，在小隊長的指揮下，一個班通過射擊制服敵人，另一個班則前進佔據有利的射擊位置，再由該班進行射擊壓制敵人，以這樣的方式來回進行。

當然，在實際情況下，各個班的班長其判斷也很重要。經驗豐富的小隊軍曹會根據以前擔任班長時的經驗，給予經驗不足的小隊長適當的「建議」。然而，這只是建議而非命令。下達命令的始終是作為指揮官的小隊長。不過，如果菜鳥少尉不聽從小隊軍曹的「建議」，恐怕也很難長久生存。

蘇軍中，士官和下級軍官普遍存在訓練不足的情況下，要期待班與班之間能有出色的協同行動那是不切實際的妄想。因此，實戰中，命令和實際行動就變得相對

側防機槍的瞄準器視野

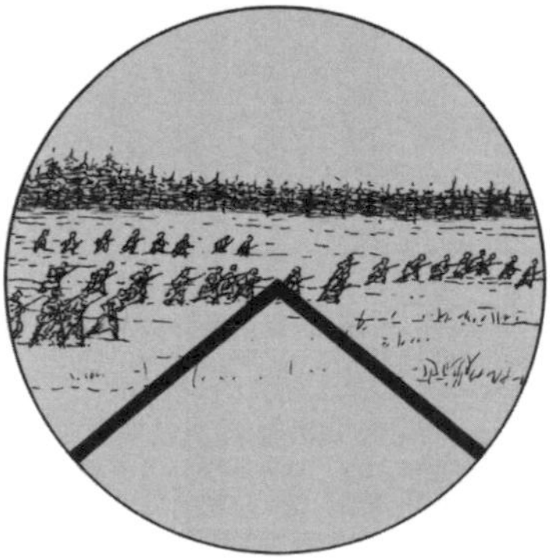

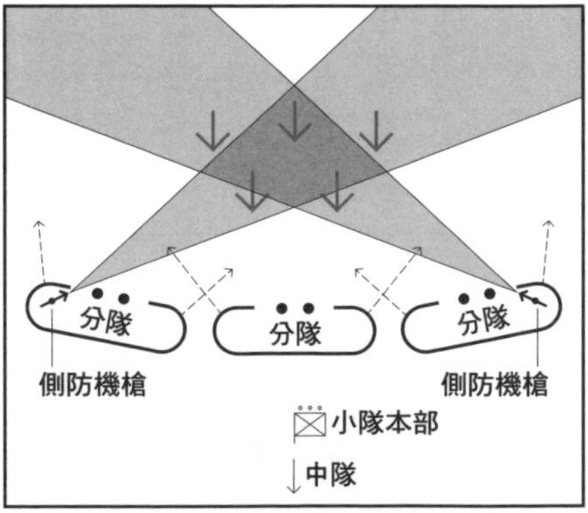

●小隊的基本防禦

文中所述的基本防禦如上圖所示。虛線表示步槍的射程，應該要與相鄰小隊的射程相重疊。左右的機槍射程也應該相互重疊，並能攻擊到敵人的側面。插圖描述了從圖中左翼側防機槍瞄準器的視角，假設德軍以34式瞄準器瞄準蘇聯步兵。

簡單，比如「攻擊直到取得目標」或是「堅守到最後一人」等。並非蘇軍喜歡採用這樣的簡單戰術，而是因為別無選擇。

小隊所配置的輕迫擊砲和擲彈筒用於支援各班，幫助壓制敵軍火力，或是發射煙霧彈掩護各班進行移動，而擲彈筒班所執行的支援射擊則常用於突擊。負責突擊的輕機槍班會在擲彈筒班進行突襲期間，冒著可能遭受的損失，前進到距離敵人陣前約50公尺的地方，並在最後一顆炮彈落下時發起突擊。

進行防禦時，各班通常會排成一線，但原則上還是要讓彼此能夠相互支援、彼此掩護。例如，一個班的右邊射界會與鄰近班的左邊射界重疊。此外，部分機槍會被安排在能從側面射擊友軍陣地正前方敵人的位置。這樣的機槍設置稱為「側防機槍」，至今仍是小部隊防禦戰術中不可或缺的要素。

在各班後方不遠處則設有小隊本部，以便與更後方的中隊本部保持聯繫。必要時，小隊長會要求中隊提供迫擊砲等的火力支援，但中隊的迫擊砲應該支援哪個小隊、該提供多少火力，則取決於中隊長的判斷。

此外，中隊本部有時也會向上級單位請求支援，要求像是大隊砲、聯隊砲甚至是師團砲兵提供火力支援，這部分將在後續的章節中說明。

第2章 步兵中隊／大隊／聯隊

步兵中隊的編制和裝備

本章的重點將放在步兵中隊、大隊和聯隊上。首先先從步兵中隊說起。由於中隊在規模上和小隊或步兵班有著巨大的差異，因此步兵中隊的人數編制並不固定，但大致上可以認定為120～200人左右。

在許多國家的軍隊中，中隊是平時營房生活的基本單位，炊事和教育等活動都是由中隊來組織進行的。換句話說，對於士兵來說，中隊是最為熟悉的編制單位。英文中將中隊稱為Company，其語源來自於拉丁文的「一起分享食物的同伴」，因此，同一個中隊的士兵常被視為是「同吃一碗飯」的親密戰友。

德軍、蘇軍和美軍的步兵中隊主要由3～4個步兵小隊為骨幹，加入配備重機槍、輕迫擊砲等支援武器的重機槍小隊或分隊。

日軍在每個步兵小隊中都設有擲彈筒組，不像其他國家那樣將火力支援部隊配置在步兵中隊，因此，日軍的步兵中隊採取的是以3個步兵小隊為骨幹的編制；重機槍則配置於上一級的大隊，根據情況來支援各個步兵中隊。

英軍的步兵中隊也以3個步兵小隊作為骨幹，重機槍則由級別更高的師團直屬單位——機槍大隊掌控，根據需要分配給各部隊。將支援火力集中配置在上級單位，在維修和補給等管理上具有很大優勢，但也存在難以靈活應對前線戰況變化的缺點。

中隊長通常由上尉或經驗豐富的中尉擔任（但英軍多由少校擔任）。上尉的英文稱為Captain，語源來自於拉丁文的「領袖」，因此中隊長也被視為是同吃一碗飯的戰友們的領袖。

在各國的陸軍中，剛從軍官學校畢業的「菜鳥少尉」通常會被任命為小隊長，在小隊軍曹的建議下積累指揮經驗，晉升為上尉後，被任命為指揮菜鳥少尉的中隊長。因此，小隊長有可能是毫無作戰經驗的菜鳥少尉，但中隊長通常都具有一定的指揮能力。然而，這只是期望，並非保證。歷史已經證明，任何軍隊都可能存在無能的中隊長。

步兵中隊的基本戰術

接下來，讓我們來看看步兵中隊的戰術。

在攻擊發起前，中隊長會收到來自大隊長的攻擊命

日軍步兵小隊配置了榴彈筒分隊，裝備了「迷你迫擊砲」榴彈筒，為小隊的主要支援武器。照片中是榴彈筒士兵射擊八九式重榴彈筒的情況。

令，並以此來制定攻擊計劃。考慮的重點是中隊所負責的任務、敵軍的情況、戰場地形、天氣、可部署的友軍部隊，以及所需的準備時間和攻擊開始的時刻等因素。

然後，中隊長會向各小隊長下達準備命令，進行必要的偵察。在聽取各小隊長的意見、分析偵察報告後，他會確定計劃，並下達正式命令。基本上，中隊以下級別的命令都是口頭傳達

經過第一和第二次世界大戰的洗禮，英軍的主力重機槍是Vickers Mk.Ⅰ，它是由Maxim機槍改良而來。口徑7.7mm，射速450～500發/分，250發連鎖供彈，水冷。照片是在索姆戰役期間拍攝的。

同樣源自馬克辛機槍，蘇軍的Maxim PM1910與英國的Vickers Mk.Ⅰ非常相似。口徑7.62mm，射速600發/分，250發連鎖供彈，水冷。

PM1910的後繼者Goryunov SG43。口徑7.62mm，射速500～700發/分，200發或250發連鎖供彈，空冷。

的，不會製作正式的命令書。

在中隊發動攻擊時，各小隊會在中隊長的指揮下相互配合，進行射擊和移動，逐步接近敵方陣地。此時，通常會將一部分人員（約一個小隊）作為後備兵力，留守在後方。

一個小隊前進時，其他小隊則負責掩護，這是廣泛用於第一次世界大戰時的戰術。在此之前，各小隊都被視為是中隊的一部分，因此各個小隊長的自主性較低；這段時間內，戰鬥行動的最小單位和營房生活時的基本單位是一樣的。

到了第二次世界大戰時，支援步兵小隊的重機槍小隊或分隊會進行「超過射擊」，也就是在前進的友軍步兵頭頂上進行射擊，以壓制敵軍部隊、掩護友軍前進。安裝在三腳架上的重機槍可以在敵方輕機槍的有效射程外，對其進行精準射擊。特別是日軍，常會以重機槍來對付碉堡內的機槍，取得了不錯的效果。

裝上運輸用前椿和後椿的九二式重機槍。口徑7.7mm，射速450/分，30發彈匣，空冷。

裝在防空三腳架上的德軍MG34，正在射擊地面目標。口徑7.92mm，射速900發/分，250發連鎖供彈，空冷。

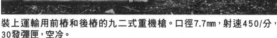

第二次世界大戰中
各主要國家所使用的重機槍

英軍的主力重機槍是第一次世界大戰時期的Vickers Mk.I。這是一款水冷式的重機槍，槍管包裹在裝有冷卻水的水套中，只要冷卻水不過熱，就能讓機槍維持穩定的連續射擊。但比起空冷式重機槍，水冷式的更加沉重，更難快速移動。

蘇軍的主力重機槍也是與英軍類似的水冷式Maxim PM1910。在這款機槍的槍架上裝有類似野砲的防護罩和輪子，整個重量接近70公斤。帶有輪子的槍架讓這款重機槍可以在平地上用手拉動，但想在泥濘的地面移動就得提起沉重的槍架了。更糟糕的是，春季融雪時，俄羅斯的土地總是泥濘一片。

從戰爭中期開始，配備空冷式Goryunov SG43重機槍（冷卻效果好、槍管不易過熱）開始投入使用，但槍架仍然帶有輪子，但即使拆掉防護罩，整體重量也超過40公斤。

日軍的主力重機槍是空冷式的九二式重機槍。這款機槍追求遠距離射擊時的命中精度，特點是射速低，且配備穩定性良好的槍架，整體重量達55公斤，移動時基本上需要4人來搬運。

德軍的主力重機槍是分配給各小隊的輕機槍MG34或MG42，但在作為重機槍使用時，會安裝在精心設計的三腳架上。這個三腳架配備了用於吸收後座力和瞄準器，可以實現對遠距離目標的精確射擊。在連續射擊時，可以快速更換備用槍管以解決過熱問題。配備三腳架的MG42重約30公斤，難以像配備雙腳支架時那樣，可以隨步兵前進。

美軍選擇了口徑較小的中型機槍和口徑較大的重型機槍。主力中型機槍M1919A4口徑為0.30英寸（7.62㎜），也被稱為「30口徑」；既有水冷型也有空冷型，裝在相對簡單的三腳架上使用，整體重量約20公斤，較其他國家的重機槍輕。

身為主力重型機槍的M2其口徑為0.50英寸（12.7㎜），也稱為「50口徑」。最初是為了摧毀觀測氣球和裝甲車輛而開發的強力機槍，連同三腳架約60公斤；雖然可以由3名士兵攜帶，但絕非輕鬆的工作。

然而，需要多人共同操作的重機槍很難像輕機槍那樣迅速地跟隨步兵前進。輕機槍與重機槍的最大差別在於是否能跟隨步兵前進，而非子彈的口徑和傷傷力。例如，英國的維克斯Mk.Ⅰ用的是口徑7.7㎜的小口徑步槍子彈，但由於是安裝在三腳架上、無法快速前進，因此並不會被歸類為輕機槍。

德國第三空降獵兵師使用從美軍繳獲的Browning M1919A4機槍進行射擊。口徑7.62㎜，射速400～500發/分，250發連鎖供彈，空冷。

真正發揮重機槍價值的其實不在進攻時，而是在防守時。在步兵間的戰鬥中，防守方能否持續、有效地使用重機槍來進行射擊幾乎是勝負的關鍵。

防守時，中隊長會仔細勘察指定的防禦區域地形，考慮敵軍情況、敵軍可能的行動、可展開的友軍部隊，以及建立防禦陣地所需的時間等因素。每個小隊的陣地會保有一定的獨立性，但為了防止單個陣地被突破，配置陣地時也要考慮到相互支援，並挖掘壕溝以便保持聯絡。如果時間允許，每個陣地都會構築掩體以抵禦來自頭頂的砲火。時間更加寬裕時，則會建立備用陣地以撤退部分在遭受大規模炮擊時讓部分的人員可以撤離。中隊指揮部會設在前線陣地的後方，並與更後方的大隊本部保持聯繫。

裝設在防空用三腳架上的M2重機槍。口徑12.7mm，射速450～600發/分，連接供彈110發，空冷。機槍後部左右各有一個握把；雙手握住握把，按壓中間的扳機進行發射，握把是一種扁型的設計。

如果兵力充裕的話，可將部分人員作為預備隊留在後方。如果從一開始就將預備部隊部署在陣地上，雖然可以加強前線的防守力量，但當某處陣地瀕臨突破時，就很難進行增援，也很難在擊退敵軍後進行追擊。因此，無論是進攻還是防守，指揮官都應該盡可能地保留預備部隊。

中隊的防禦火網以擁有最強火力的重機槍為核心。通常都會將重機槍部署在可以俯瞰敵軍的山丘上，或是可以從灌木叢中對敵軍進行側翼射擊的地方，以便與各小隊的輕機槍形成交叉火力。此外，還應對射界進行清理，清除阻礙射擊的遮蔽物，如倒下的樹木等。特別的是德軍更加重視整體的防禦能力，像是射擊效果，而不

重機槍的射擊

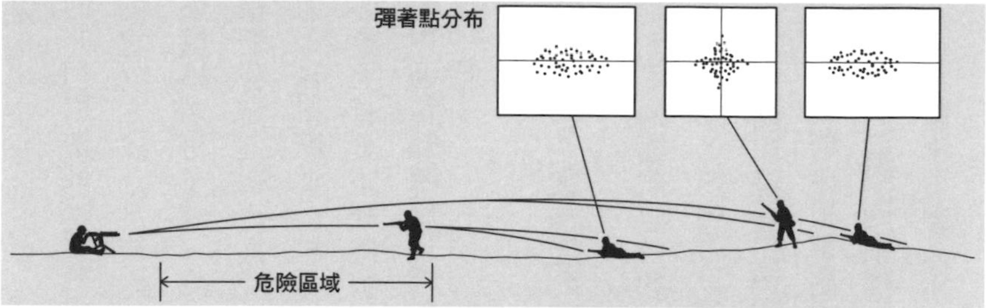

這張圖是關於重機槍射擊的概念圖。遠距離射擊時可以利用彈著散布效應，類似獵槍的效果，也可以利用彈道下落進行砲兵式的射擊。此外，彈著可以在地面附近飛行的距離稱為「危險區域」。

中隊的防禦陣地

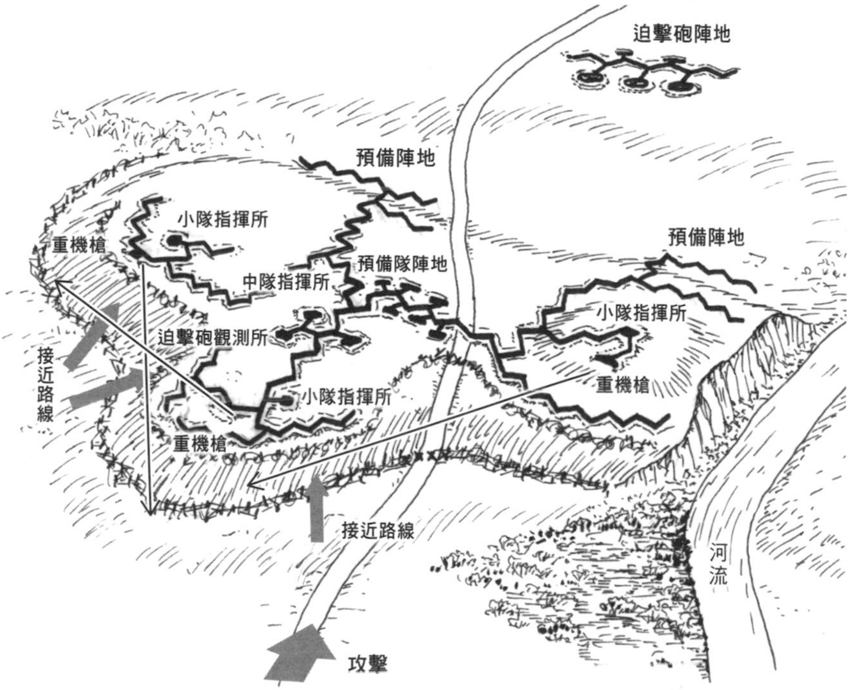

中隊規模的步兵陣地構築，旨在最大限度地發揮機槍的效果。圖中的箭頭表示敵人的接近路線，無論哪種情況，都要確保機槍可以側向射擊。同時，預備陣地應該設在面對敵人的斜坡（反斜坡）上。

僅僅是地形帶來的防禦效果；例如，更傾向於剪除低矮的灌木叢，以擴大射界、提高防禦火力，而非利用植被來隱蔽機槍位置。

如果進攻方缺乏足夠的火力支援，就很難有效壓制部署在防禦陣地上或是碉堡內的重機槍。只要重機槍還有子彈、冷卻水和備用槍管就能持續對進攻的步兵進行掃射。即使攻擊方試圖用重機槍與我方進行正面交火，也會因為缺少可依靠的陣地而處於劣勢。攻擊方若是無視重機槍的火力，盲目前進，結局恐怕只會是巨大的損失。

想要除去有著防守優勢的重機槍，需要的是迫擊砲或是步兵砲的支援。這些火砲在許多國家的軍隊中通常都隸屬於大隊或聯隊。接下來，就來看看步兵大隊和聯隊的編制。

步兵大隊和聯隊的編制和裝備

步兵大隊的編制定數約為700～900人。大隊長通常是中校或少校。大隊指揮部大多包括副大隊長、行政幕僚、情報幕僚等數名軍官，以協助大隊長。

美國、德國和蘇聯等國家的步兵大隊通常包括：大隊本部或本部中隊、3個主力步槍中隊、配備口徑8㎝的中迫擊砲或重機槍（美國是使用水冷式中型機槍）等支援武器的重武器中隊或機槍中隊，以及一個迫擊砲中隊。這是基本的編制。

最初英軍將中迫擊砲小隊和防空小隊與通信部隊、補給部隊等合併成本部中隊。後來，將支

直射武器和曲射武器

根據彈藥發射時是否以近似直線的方式飛行到目標，可分為直射（平射）武器和曲射武器兩種。步兵砲和反坦克砲屬於直射武器，迫擊砲（日軍稱為曲射步兵砲）屬於曲射武器。

直射武器可以直接瞄準小型目標，例如針對像是火網槍眼那樣的敵方陣地，進行炮擊。但當面對的是個人用掩體或壕溝時，所發射的砲彈即使是在敵人陣地附近爆炸，也只會捲起碎片和爆風，對於躲藏在壕溝裡的步兵傷害有限。

但曲射砲由於砲彈的飛行軌跡會呈現巨大的弧度，因此針對躲在壕溝底部的步兵在其頭頂上投放砲彈，還能對藏匿在丘陵或建築物後方的敵人進行炮擊。然而，曲射武器無法直接瞄準火網槍眼，且彈道較高較易受到風的影響，命中精度低於直射武器。

直射武器和曲射武器各有其優缺點。

為什麼需要直射武器和曲射武器？

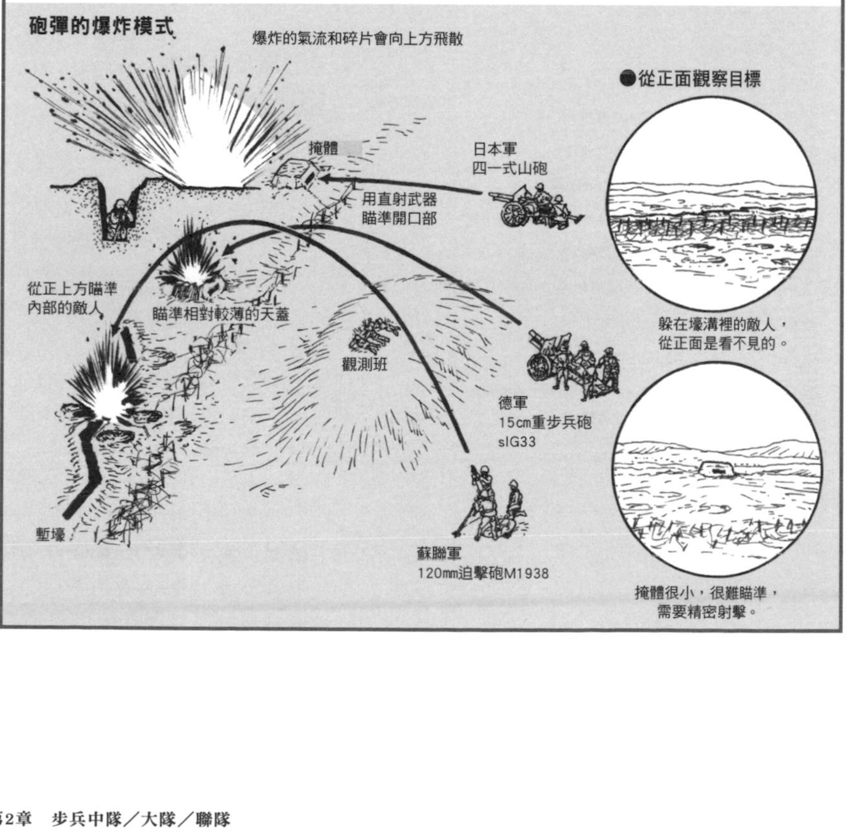
砲彈的爆炸模式
爆炸的氣流和碎片會向上方飛散
掩體
用直射武器瞄準開口部
日本軍
四一式山砲
從正上方瞄準內部的敵人
瞄準相對較薄的天蓋
觀測班
德軍
15cm重步兵砲
sIG33
塹壕
蘇聯軍
120mm迫擊砲M1938
●從正面觀察目標
躲在壕溝裡的敵人，從正面是看不見的。
掩體很小，很難瞄準，需要精密射擊。

◆德軍步兵聯隊（1944年）

- 聯隊本部
  - 步兵大隊
    - 大隊本部
    - 步兵中隊
      - 中隊本部
      - 步兵小隊
      - 步兵小隊
      - 步兵小隊
      - 重機槍小隊　重機槍×2
    - 步兵中隊　（編制與上述中隊相同）
    - 步兵中隊　（編制與上述中隊相同）
    - 重武器中隊　中機槍×8、81mm迫擊砲×6
      - 重機槍小隊　重機槍×6
      - 中迫擊砲小隊　8cm迫擊砲×6
      - 重迫擊砲小隊　12cm迫擊砲×4
  - 步兵大隊　（編制與上述大隊相同）
  - 步兵大隊　（編制與上述大隊相同）
  - 步兵砲中隊　7.5cm輕步兵砲×6、15cm重步兵砲×2
  - 反戰車中隊　7.5cm及5cm反坦克砲×9、8.8cm潘瑟破壞者×36

●人員約3,200名

※最優良裝備的聯隊

◆英軍步兵旅團（1944年）

- 旅團本部
  - 步兵大隊
    - 大隊本部
    - 本部中隊
    - 步兵中隊
      - 中隊本部　2in迫擊砲×1、反戰車擲彈筒PIAT×3
      - 步兵小隊
      - 步兵小隊
      - 步兵小隊
    - 步兵中隊　（編制與上述中隊相同）
    - 步兵中隊　（編制與上述中隊相同）
    - 步兵中隊　（編制與上述中隊相同）
    - 支援中隊　3in迫擊砲×6、6磅反坦克砲×6
  - 步兵大隊　（編制與上述大隊相同）
  - 步兵大隊　（編制與上述大隊相同）

●人員約2,400名

◆日軍步兵聯隊（1942年）

- 聯隊本部
  - 步兵大隊
    - 大隊本部
    - 步兵中隊
      - 中隊本部
      - 步兵班
      - 步兵班
      - 步兵班
    - 步兵中隊　（編制與上述中隊相同）
    - 步兵中隊　（編制與上述中隊相同）
    - 步兵中隊　（編制與上述中隊相同）
    - 機槍中隊　重機槍×8
    - 大隊砲小隊　7cm步兵砲×2
  - 步兵大隊　（編制與上述大隊相同）
  - 步兵大隊　（編制與上述大隊相同）
  - 步兵砲中隊　7.5cm山砲×4
  - 速射砲中隊　37mm速射砲×4

●人員約3,800名

※最優良裝備的聯隊

各國的步兵聯隊編制

※如衛生部隊、通信部隊和運輸部隊，後勤支援部隊除外。

當我們概覽各國的編制和裝備特點時，可以看到德軍和蘇軍在中隊級別上，特別重視支援武器的配置，而日軍則更注重成本較低的榴彈槍，而非機槍。此外，美軍在中隊級別上配置了比德蘇兩國更為豐富的支援武器。英軍則無相關的趨勢。因為武器生產力等的因素限制，導致各國都無法單純從戰術上的需求來制定編制，但這樣的限制在美軍中是最少見的。

◆美軍步兵聯隊（1944年）

- 聯隊本部
  - 本部中隊
  - 步兵大隊
    - 大隊本部
    - 本部中隊
      - 反坦克砲小隊 57mm反坦克砲×3
    - 步兵中隊 2.36inバズーカ×5、12.7mm重機槍×1
      - 中隊本部
      - 步兵小隊
      - 步兵小隊
      - 步兵小隊
      - 武器小隊 中機槍×2、60mm迫擊砲×3
    - 步兵中隊 （編制與上述中隊相同）
    - 步兵中隊 （編制與上述中隊相同）
    - 重武器中隊 中機槍×8、81mm迫擊砲×6
  - 步兵大隊 （編制與上述大隊相同）
  - 步兵大隊 （編制與上述大隊相同）
  - 反坦克砲中隊 57mm反坦克砲×9
  - 火砲中隊 105mm榴彈砲×6

●人員約3,200名

◆蘇軍步兵聯隊（1942年12月）

- 聯隊本部
  - 步兵大隊
    - 大隊本部
    - 步兵中隊
      - 中隊本部
      - 步兵班
      - 步兵班
      - 步兵班
      - 迫擊砲小隊 50mm迫擊砲×2
      - 機槍小隊 重機槍×1
    - 步兵中隊 （編制與上述中隊相同）
    - 步兵中隊 （編制與上述中隊相同）
    - 迫擊砲中隊 82mm迫擊砲×9
    - 機槍中隊 重機槍×9
    - 反坦克砲小隊 45mm反坦克砲×2
    - 反戰車槍小隊 12.7mm反戰車槍×3
  - 步兵大隊 （編制與上述大隊相同）
  - 步兵大隊 （編制與上述大隊相同）
  - 步兵砲中隊 76mm步兵砲×4
  - 重迫擊砲中隊 120mm迫擊砲×7
  - 反戰車槍中隊 12.7mm反戰車槍×27
  - 短機槍中隊
  - 反坦克砲中隊 45mm反坦克砲×6

●人員約2,700名

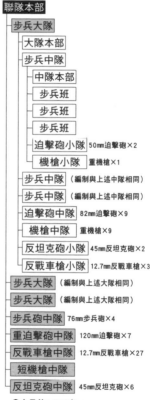

援的武器裝備部隊分離出來形成支援中隊，並採用類似於其他國家的步兵大隊編制，包括總部中隊和四個步兵中隊。

迫擊砲不需要像普通火砲那樣，需要對每發砲彈進行砲尾的閉鎖操作，只需將砲彈從砲管口一放，就可以發射了，因此單位時間內的火力壓制能力很強。而且結構簡單，比同口徑的普通火砲更加輕便，更易於攜帶。

日軍的步兵大隊採用了與其他主要國家類似的編制，但裝置了兼顧直射武器和曲射武器（見41

運用81mm迫擊砲M1的美軍，主要配置在步兵大隊下轄的重武器中隊。

九二式步兵砲配置在步兵大隊的大隊砲小隊中，因此稱為大隊砲。口徑為70mm。

頁專欄）的70㎜火砲，也就是所謂的「大隊砲」，以取代迫擊砲。

日軍將重機槍和步兵砲等支援武器視為正規編制（非臨時編成）配備在步兵大隊上，並將大隊視為「執行各兵科固有戰術的最小單位」，將中隊稱為「戰鬥單位」，稱大隊為「戰術單位」。

步兵聯隊的編制定數最多可達4千人左右，是單一兵科，即步兵科中，規模是最大的。

在許多國家的陸軍中，聯隊是維持部隊傳統的單位，繼承著深具歷史意義的部隊番號，和由來已久的聯隊旗。聯隊中的軍官都屬於同一軍團，理想情況下會以家族般的關係團結在一起。對於軍官來說，聯隊就相當於士官和士兵所處的中隊；因此，聯隊和中隊這樣的關鍵單位在某程度上具有其特殊意義，而這種特殊意義是大隊所不具備的。

通常情況下，聯隊長由上校擔任；聯隊本部通常由幕僚和負責行政管理的士官等多名成員組成。此外，聯隊還會包含直屬的通信小隊、傳令小隊，有時還包括偵察小隊或工兵小隊，這些部隊通常會被整合到本部中隊。

德國、美國和日本的步兵聯隊通常以三個步兵大隊為主體，配備一個反坦克砲（日軍是速射砲）中隊和一個步兵砲（美軍是火砲）中隊。

步兵砲是一種輕型火砲，配備在步兵部隊中，由指揮官根據需要進行調用。由於這些火砲都是步兵部隊自有的裝備，因此能提供比師團砲兵部隊更加緊密的火力支援，也不會因為師團指揮部的決定而中斷火力支援。因此，對於步兵部隊來說，步兵砲是最值得依賴的支援武器。

美軍的火砲中隊所裝備的是與師團砲兵聯隊相同的105mm榴彈砲，而日軍的步兵砲中隊則裝備了和野砲兵團一樣的舊式山砲（適合山地運輸的可拆卸輕型野砲）作為「聯隊砲」。

此外，在蘇軍的步兵聯隊中，除了步兵砲中隊外，還有裝備了120mm重迫擊砲的迫擊砲中隊。蘇軍很早就將重心放在生產容易且火力強大的迫擊砲上，戰爭後期，德軍也開始出現類似趨勢。

英軍方面，在步兵大隊之上的是步兵旅，一個步兵旅通常由三個步兵大隊組成。

美軍在二戰中期開始配備的105mm榴彈砲M3。這款砲也配置在步兵團的火砲中隊中（攝影／Max Smith）。

口徑75mm的41式山砲（日本）原本是為山砲兵團開發的，但從1930年代開始被配置到步兵團的步兵砲中隊，稱為團砲（插圖／峠タカノリ）。

英軍認為大口徑火砲應該由砲兵部隊進行集中管理，不應該分配給步兵部隊，因此他們的步兵大隊或步兵旅完全沒有配備步兵砲。從戰術的角度來看，這樣的設計，問題相當嚴重。

希特勒曾經對英軍留下這樣的評價：在防禦上非常勇敢且堅韌，但攻擊力不足，且指揮系統混亂。雖然武器和裝備堪稱優良，但整個編制從頭到尾簡直糟糕透了。

德軍步兵團的步兵砲中隊所操作的15cmsIG33重步兵砲（攝影／Dungodung）

蘇軍步兵聯隊的重迫擊砲中隊所使用的120mm迫擊砲 M1938。

步兵大隊和步兵聯隊的基本戰術

步兵大隊和步兵聯隊的戰術基本上與步兵中隊的戰術沒有太大的差異。

在中隊層級的戰鬥和大隊或聯隊層級的戰鬥之間有個重大差別：大隊或聯隊層級會配置支援用的火砲。換句話說，「火力和移動」這一基本戰術原則上保持不變，但在火力的壓制上增加了「火砲」這項手段。

實際上，步兵部隊開始大量配備迫擊砲和步兵砲是在第一次世界大戰期間。為了應對設置在戰壕中的重機槍，前線的步兵部隊配備了將砲管切短以減輕重量的野戰炮和便於攜帶的迫擊砲，以便在貼近敵人的地方直接發起攻擊，無需依賴部署在師團層級的重型榴彈砲或加農砲的火力支援。

日軍在大隊層級配備了輕型步兵砲，而德軍和蘇軍則配備在聯隊層級，這使得步兵炮可以藉由人力進行移動，並用來攻擊敵方的機槍陣地。此外，美軍則在聯隊層級配備了105㎜榴彈砲，德軍配備了15㎝重步兵砲，這讓步兵聯隊在面對堅固的碉堡時，也能靠自身的火力摧毀它們。

這些火砲要想持續地發揮效力，就需要進行源源不斷的彈藥補給。因此，會在大隊和聯隊層級配置一定規模的補給部隊，負責運輸彈藥等的補給物資。對於戰鬥部隊來說，與其火力相匹配的後勤支援能力才是作戰得以勝利的關鍵。

在進行攻擊時，各大隊和中隊會利用地形互相支援進行前進。在進行攻擊時，一個大隊負責約500米寬的戰區，而一個聯隊則負責約1公里寬的戰區。然而，在攻擊力量不足或敵方防禦薄弱的情況下，這個戰區可能會變得更加寬廣。

當敵方部隊的側面暴露時，會進行「迂迴」作戰，讓部分部隊包抄敵方後方。防禦陣地通常會預測敵方的攻擊方向並構建出最佳的防禦，因此，如果面對的攻擊是來自意料之外的方向，那就很難發揮足夠的防禦力。即使處於非防禦陣地中的遭遇戰，敵軍突然從某個方向襲來仍會讓步兵部隊倍感壓力。因此，如果能夠包抄敵人的側面或後方並封鎖其退路，就能有效地對敵方部隊進行打擊。

想要阻擋敵軍的繞行和包圍，需要在敵人的側面將我方部隊展開，這就是所謂的「展翼」。如果能夠進行展翼並與鄰近的我方部隊聯結，那麼敵人就無法再對我們進行繞行了。這種將部隊排成連線的形勢就稱為「戰線」。戰線一旦建立起來，就能針對敵方戰線的某處進行「突破」。

如果能夠突破敵方戰線的某個地方，就有機會包圍鄰近突破口的敵方部隊。如果能在兩個地方突破成功，就能對夾在突破口兩側的敵軍進行「雙翼包圍」。

不論是「繞行」、「包圍」還是「突破」，通常都會伴隨著一些用來引誘敵方部隊的佯攻。在這種情況下，主要攻擊稱為「主攻擊」（或主攻），協助主攻擊的攻擊稱為「協助攻擊」或「協攻」。牽制住敵方部隊或是將其捲入戰鬥中的則稱為「拘束」。

在沒有瞭解司令部的攻擊計劃全貌時，助攻部隊可能會認為無能的司令部正在進行毫無意義的攻擊。然而，正因為助攻部隊的拼命攻擊，才讓敵方部隊也跟著拼命反擊，也才能達到對敵方的約束效果。

在防守時，一個大隊通常負責1～2公里的戰區，一個聯隊則負責2～4公里左右的戰區。如果兵力不足時，可能需要守護更大的區域。基本上，防守有兩種方式：一種是依靠陣地火力對敵人進行打擊的「陣地防守」，另一種是利用機動力對敵人進行打擊的「機動防守」。對於機動力較低的步兵部隊來說，陣地防守就成了主要的防守方式。

備用部隊的運用

左圖是對基本戰術模式和術語進行解說的圖示。戰術是指從基本模式中，根據戰場情況選擇適合執行的任務來達成目標的模式。熟悉這些術語和戰術模式，將有助於在閱讀戰爭記錄和戰史時，更好地想像部隊的行動。

防守情況①

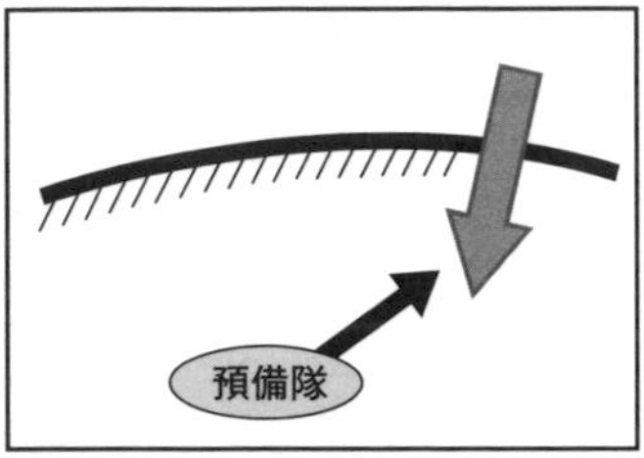

利用備用部隊擊退突破戰線的敵人。

防守情況②

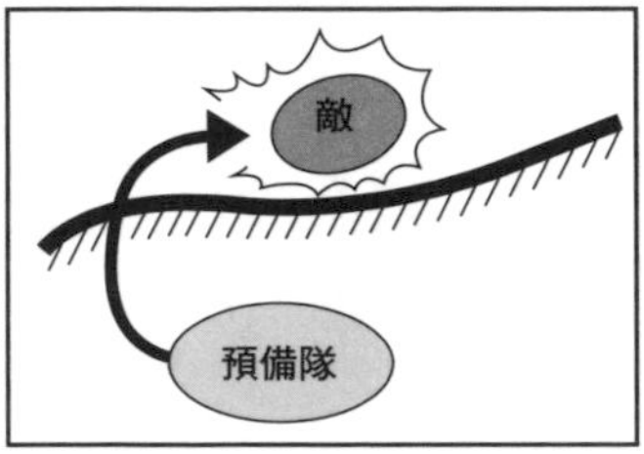

利用備用部隊進行反擊，攻擊對我方防禦線進行攻擊而消耗過多的敵人。

進攻的情況

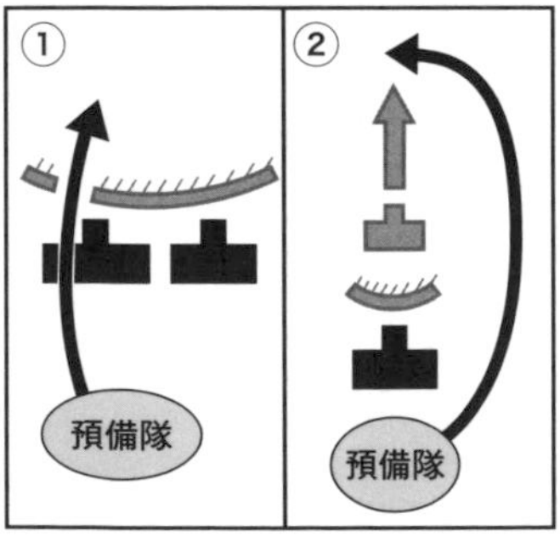

①對已經超越我方第一線攻擊部隊，並被削弱的敵軍戰線進行突破。
②攔截敵軍的後撤路線。

基本的戰術模式

延翼運動

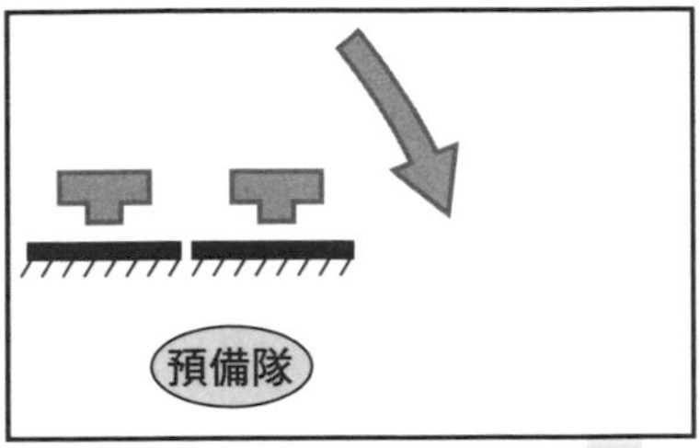

敵人攻擊我方的側翼弱點。為了防止這種情況，我方則投入了預備隊。

延翼運動

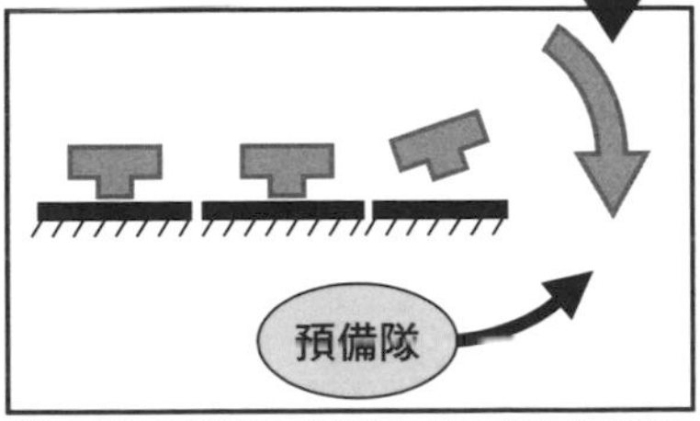

敵人試圖突襲我方的側翼，我方投入預備部隊。這種延伸戰線的行動稱為延翼運動。

助攻和主攻（拘束敵方）

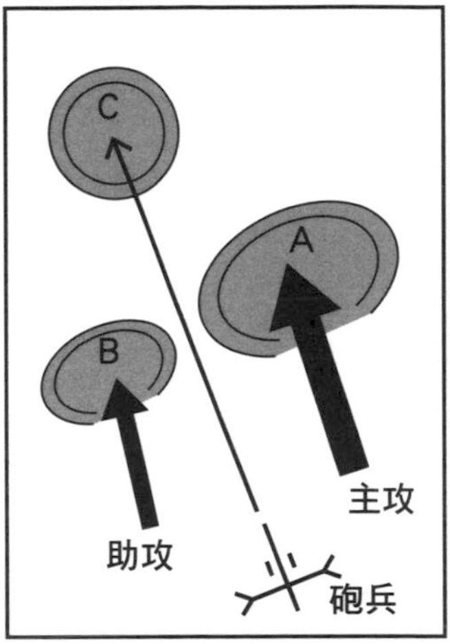

為了攻擊A處的敵人，需要限制B處的敵人，使其不能前往支援A，需要對B處進行助攻。後方的敵人C則需要透過砲火和空襲來拘束（阻止），詳細的解說將在後續的章節說明。

迂迴、突破、滲透，以及包圍

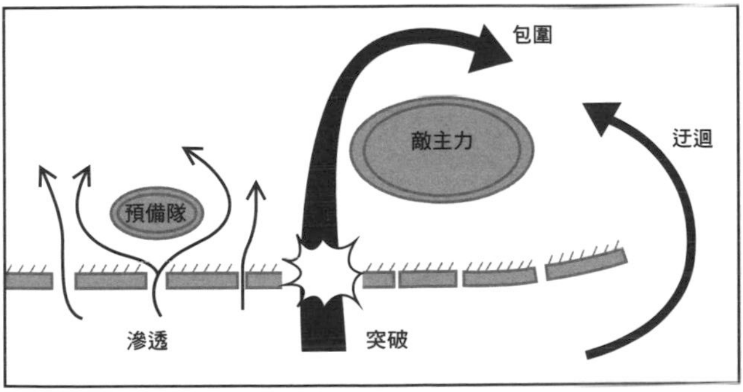

戰術層面的完全勝利就是消滅敵方主力。為此，最有效的手段是「包圍」。包圍有單翼包圍和雙翼包圍之分。然而，要進行包圍就必須越過敵方的戰線。因此，戰術行動可分為繞到敵方側翼的「迂迴」、穿越戰線間隙的「滲透」、以及摧毀戰線的「突破」，3種類型。

大隊長和聯隊長會仔細地勘察地形，考慮迫擊砲和步兵砲的射擊狀況，並構建防守陣地。陣地會根據一定的深度以避免被敵軍輕易突破，這種垂直深度稱為「深度防禦」，具有深度的陣地則稱為「深度防禦陣地」。

在防守陣地中，會在靠近敵方的區域配置一定規模的警戒部隊，主力部隊則會安置於後方。警戒部隊既要對敵軍進行警戒，又要拖延敵方的前進，以便主力部隊有時間做好防禦準備。如果主力部隊是聯隊級的規模，那麼警戒部隊大概相當於一個中隊。

在離敵人最遠的地區會配置後勤支援部隊、通信部隊，以及針對敵軍突破做好準備的備用部隊。備用部隊的規模大致相當於一個大隊，如果是一個大隊編制了四個中隊，那麼備用部隊就佔了全部兵力的25％。如果是一個聯隊編制了三個大隊，那麼備用部隊就佔了全部兵力的33％。

要把部隊編制成幾個單位，這個問題與預備兵力佔全體兵力的百分比有著密切的關係。例如，二戰末期的德國榴彈砲連（改組自步兵連）是以兩個大隊為編制，但無法將50％的兵力留作預備部隊，只能從前線的大隊中抽調約一個中隊的兵力做為預備不對，或是請求師團增援部隊。迫擊砲和步兵砲應該放在後方，並盡可能地不進行陣地轉移，以便在負責區域內進行全面的炮擊。炮擊指揮官應預先測量主要射擊地點的距離和方位，製作射擊圖，以便能迅速、準確地進行炮擊。

各主要國家在大隊或聯隊層級都會配置反坦克炮，即使敵方的攻擊部隊擁有坦克的支援，也能擁有某程度上的自衛能力。反坦克炮的配置與迫擊砲和步兵砲不同，主要考慮的考量點是隱蔽性。為了能確實摧毀敵方的坦克，需要將其引誘至近距離後再進行炮擊。會將部分的反坦克炮配置在可以攻擊到坦克防禦力薄弱的側面和後方的位置，就像是側面機槍一樣。

當敵人發動進攻時，通過陣地火力和反擊來粉碎和阻止敵人的攻勢。如果聯隊層級的支援火力和反坦克火力不足的話，就需要向所屬師團的砲兵部隊或反坦克部隊請求支援。然而，若是通過師團指揮部來進行聯絡、協調通常會比較麻煩，無法靈活應對前線的請求是個常見的問題。如果像美軍那樣，在師團砲兵引入新的射擊系統，並將無線電和對講機普及到了中隊和小隊層級，這樣的問題就比較不容易發生了。但是許多軍隊都無法達到這樣的條件。

這不僅僅是砲兵部隊的問題，也是其他兵種如工兵部隊和坦克部隊等合作作戰中，普遍存在的問題。希望在接下來的章節中介紹一些解決這個問題的方法。

第3章 步兵師團～軍團

3單位師團和4單位師團

這一章主要著眼於步兵師作為核心單位，還會稍微提及更高層的軍團、集團軍。

首先，我們先從步兵師的基本編制談起。有些國家會將缺乏機動性的沿岸防衛師或火砲部隊中的薄弱警備師都納入步兵師，但我們這裡只討論野戰用的步兵師。

一個師的編制定數在一～二萬人左右，差異相當大。即使是同一個國家，由於編制時間不同也會有很大的差異，在同一時期也可能會出現幾種不同的編制。

一戰前，各主要國家的步兵師主要以擁有4個步兵團的4單位師為主流，英文稱為Square division（方陣師）；但英軍則採用規模大致相同的3個步兵旅團的3單位師，英文稱為Triangular division（三角師）。

主力步兵團是4個還是3個，對師級的戰術也有影響。在前面提到聯隊時已經稍作說明，編制和戰術之間有著密切的關係。具體來說，如果是4單位師，就可以將2個聯隊投至前線，留一個聯隊作為預備，還可以派遣一個聯隊繞到敵人的背後等等，戰術上的選擇空間比較大。相較之下，如果將2個聯隊投入前線，留一個聯隊作為預備，對3單位師而言就沒有其他選擇了；與4單位師相比，在戰術上的選擇就比較少了。

然而，如果從整個國軍的層面來看，人數較少的3單位師比4單位師更容易增設，在擴增作戰單位上相對較容易，戰略上的選擇反而更多。此外，由於3單位師的規模較小，對補給部隊的負擔也較輕，這也是優點。

在第一次世界大戰中，大多是陣地的僵持戰，前述的4單位師所擁有的戰術優勢已經沒有太大的意義。與此同時，由於持續進行著激烈的消耗戰，還會讓一些師團在一天內就被殲滅，因而迫切需要增設師級的兵員。對於3單位師來說，由於步兵減少，導致步槍火力

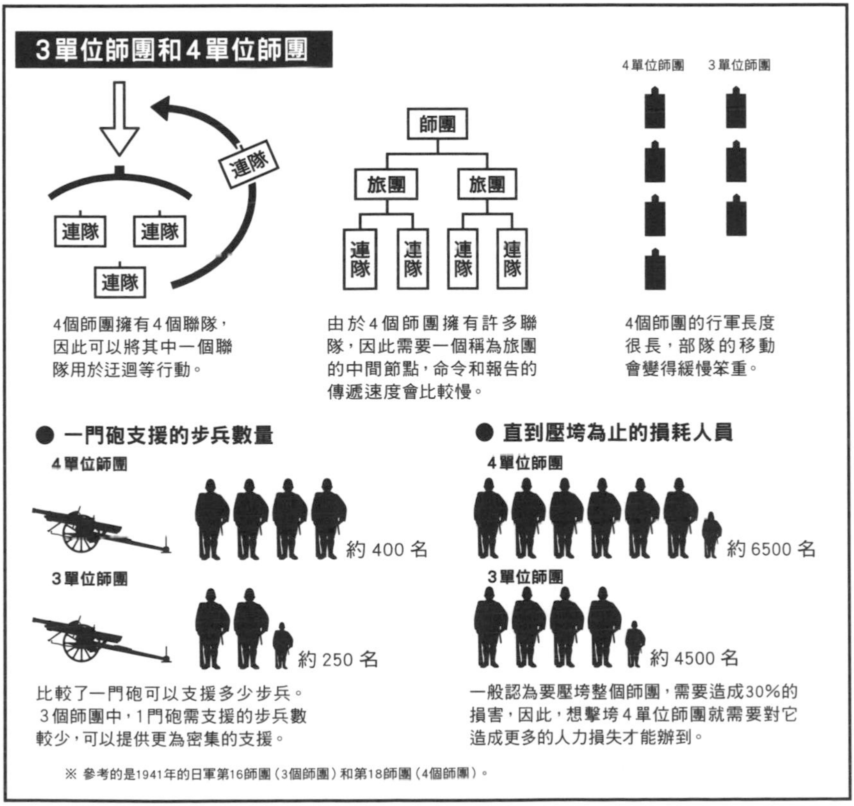

4個師團擁有4個聯隊，因此可以將其中一個聯隊用於迂迴等行動。

由於4個師團擁有許多聯隊，因此需要一個稱為旅團的中間節點，命令和報告的傳遞速度會比較慢。

4個師團的行軍長度很長，部隊的移動會變得緩慢笨重。

比較了一門砲可以支援多少步兵。3個師團中，1門砲需支援的步兵數較少，可以提供更為密集的支援。

一般認為要壓垮整個師團，需要造成30%的損害，因此，想擊垮4單位師團就需要對它造成更多的人力損失才能辦到。
※ 參考的是1941年的日軍第16師團（3個師團）和第18師團（4個師團）。

下降，但通過加強迫擊砲、步兵砲等支援火力武器的配置，整體的火力下降被最小化了。因此，德軍和法軍在第一次世界大戰期間也在急速增設師團的過程中開始採用3單位師團。

從二戰爆發前開始，世界主要國家已經轉向3單位師團，但日軍和美軍在第二次世界大戰期間仍然保留了4單位師團的編制。

對於4單位師團來說，每個師團的4個步兵聯隊會編成2個步兵旅。旅長由最低階的將官擔任（這裡所說的步兵旅比英軍的步兵旅規模更大），而指揮旅長的師長則由比旅長高一級的將官擔任。換句話說，如果最低階的將官是准將，那麼旅長就是准將，而師長就是少將；如果最低階的將官是少將，那麼旅長就是少將，而師長就是中將。

順便提一下，在英語中，將軍稱為General，旅團稱為Brigade，師團稱為Division。美國陸軍中，准將稱為Brigadier General，字面上就是旅團的將軍。法語中，少將稱為Général de division，字面上就是師團的將軍。在這些詞語產生時，指揮官的階級和職位是相符合的。

引入3單位師團後，雖然師團長的階級並沒有改變，但由於師團內的旅級單位消失了，導致旅長的職位大幅減少。作為替代，日軍的3單位師團增設了步兵團長的職位，少將軍銜；而美軍和法軍則增設了副師長，准將軍銜，以協助師長。此外，還有一些不隸屬於師團的獨立步兵旅，因此，低階的將官仍然可以作為旅團的將軍繼續存留下去。

師團是包含各兵種的聯合部隊

師團作為一個編制單位，其特點包括組合步兵、砲兵、工兵等各兵種的部隊，形成所謂的「合成兵種」（Combined arms）。此外，師團還擁有一定程度的獨立作戰能力，並擁有自給自足的補給部隊等特點。

在第二次世界大戰中，一般步兵師團的編制包括：3個步兵團、偵察大隊或中隊、砲兵聯隊、工兵大隊，以及通信部隊、補給部隊、維修部隊、衛生部隊等。德軍和蘇軍在師團配置有直屬的反坦克砲大隊，在英軍則稱為步兵旅團（實際上相當於聯隊規模），而日軍則稱為搜索聯隊（實際上相當於大隊的規模）。儘管存在一些差異，例如：組織形式和各部隊的規模和任務等，但基本上是相似的。

即使是在步兵師團中，偵察部隊也包括搭乘吉普車、卡車、摩托車和側車等的機械化步兵部隊，以及支援作戰的偵察用裝甲車和輕型坦克小隊。然而，日軍、蘇軍和德軍仍舊保留了騎馬的偵察部隊，德軍甚至還組織了騎自行車的偵察部隊。

令人意外的是，在美軍的步兵師團中，偵察部隊的規模較小；相反地，在德軍和英軍的步兵師團中，偵察部隊卻配備有反坦克砲、步兵砲或迫擊砲等的小隊，是具有相當戰鬥力的部隊。

師團的偵察部隊在師團前進時，會展開至主力部隊前方進行搜索任務，一旦發現敵方部隊就會對其規模和配置等情報進行調查。這時，若偵察部隊具有相當的戰鬥力，就可以在必要的時候進行輕度攻擊，以瞭解敵方的反應；當敵人的抵抗力不強時，甚至可以獨力消滅敵人繼續前進。

當部分的步兵部隊擔任師團的前衛部隊時，偵察部隊就會負責警戒師團的側面，並在敵人進攻時發出警報。當師團後撤時，偵察部隊則負責警戒師團主力的側面和後方，防止敵軍進行繞道或包圍。為了完成這些任務，偵察部隊必須具有相對較高的機動性。

步兵師團所屬的砲兵聯隊基本上包括與步兵聯隊數量相同或是多出一個的砲兵大隊。其中一個大隊裝備有射程較長的火砲，主要負責支援師團的整體作戰，因此被稱為**全面支援大隊**（GS）。其他的砲兵大隊則負責支援各步兵聯隊，稱為**直接支援大隊**（DS）。有些國家還規定DS大隊必須支援特定的步兵聯隊，例如德軍的每個DS大隊與其支援的步兵聯隊是一同行軍的。

GS大隊裝備有105mm的榴彈砲或山砲（日軍）、122mm和152mm的榴彈砲（蘇軍）、155mm的榴彈砲（德軍和美軍），而DS大隊則裝備有75mm的野砲或山砲（日軍）、76.2mm的野砲（蘇軍）、105mm的榴彈砲（德軍和美軍）。

美軍和英軍的這些火砲早期由卡車或拖拉機牽引，但德軍和日軍一直到戰爭結束主要仍由馬匹牽引。因為美軍裝備了高速、強力的牽引車，不用擔心火砲的重量，可以增加射程和火力；而以馬匹為主的德軍和日軍則不得不限制火砲的總重量，以保持砲兵部隊的機動性，這使得他們在射程和火力上面臨巨大的劣勢。

炮擊時多半以4～6門火砲為單位來進行炮擊。在英語中，稱砲兵中隊為Battery，與電池、

各國的主要野戰砲（師團砲兵隊的 裝備）

◎美

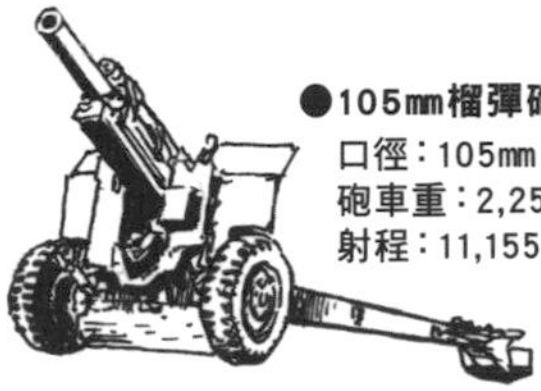

●105㎜榴彈砲M2A1
口徑：105㎜
砲車重：2,258kg
射程：11,155m

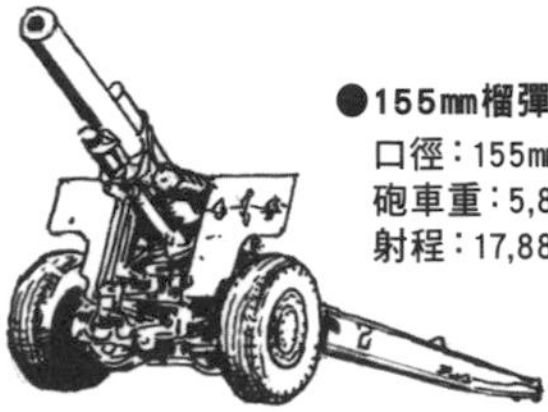

●155㎜榴彈砲M1
口徑：155㎜
砲車重：5,806kg
射程：17,886m

◎德

●10.5㎝lFH18輕野戰榴彈砲
口徑：105㎜
砲車重：3,490kg
射程：10,675m

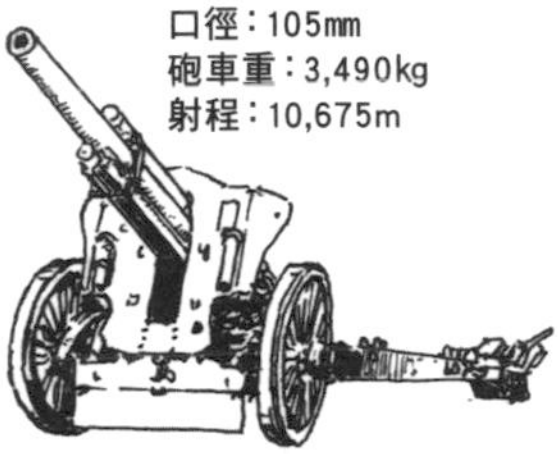

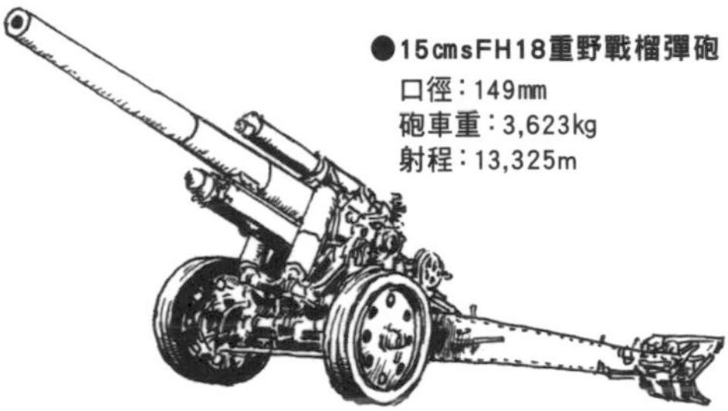

●15㎝sFH18重野戰榴彈砲
口徑：149㎜
砲車重：3,623kg
射程：13,325m

◎蘇聯

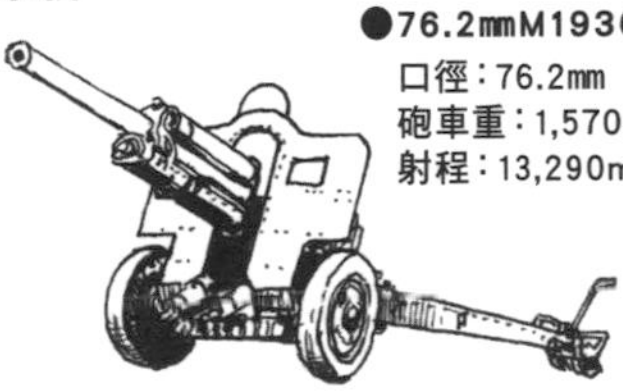

●76.2㎜M1936野戰砲
口徑：76.2㎜
砲車重：1,570kg
射程：13,290m

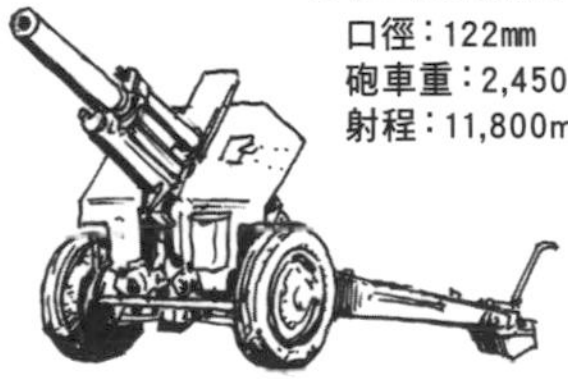

●122㎜榴彈砲M1938
口徑：122㎜
砲車重：2,450kg
射程：11,800m

◎日本

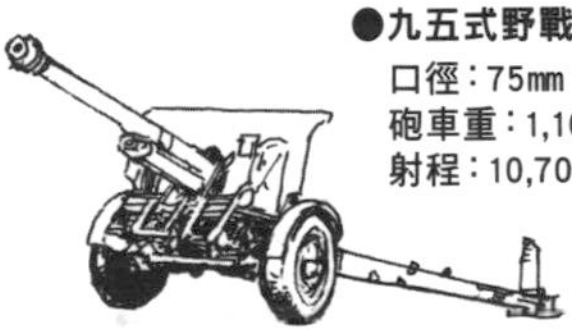

●九五式野戰砲
口徑：75㎜
砲車重：1,108kg
射程：10,700m

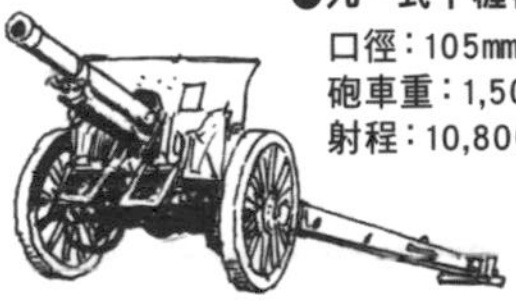

●九一式十糎榴彈砲
口徑：105㎜
砲車重：1,500kg
射程：10,800m

棒球中的投捕組合一詞相同，這是因為需要組合多個元素一起發揮力量。同樣地，砲兵部隊也需要中隊級別的火砲同時進行炮擊才能發揮效力。

步兵師團中的工兵聯隊配置其數量通常會和步兵中隊相同。進攻時，他們會探測並清除敵軍設置的地雷場，或是利用爆破筒來炸毀敵軍設置的鐵絲網等障礙物。這些任務通常需要在敵方的火力下進行，因此工兵的損耗也很大。

防守時，工兵部隊會鋪設地雷場、設置蛇腹鐵絲網、構築防禦陣地等。雖然步兵可以使用摺疊鏟自行挖掘個人掩體，但對於反坦克壕、碉堡等需要大量勞動和專業技術的工程，都會由工兵來負責。步兵師團的防禦能力很大程度上取決於陣地的構築，因此工兵的築城技術非常重要。

一般來說，除了近身戰鬥外，工兵的戰鬥能力也很重要，特別是對德軍來說。每個工兵中隊都裝備有大量的火焰噴射器和爆炸物，會參與摧毀敵方碉堡、驅逐藏匿在鋼筋混凝土建築中的敵軍等的危險作戰任務。據說在德蘇戰爭中期，德軍工兵的平均壽命只有2～3週。

為了區分參與作戰的工兵和負責建設的工兵，人們通常稱他們為「戰鬥工兵」和「建設工兵」。對於城市戰和要塞攻防戰來說，戰鬥工兵至關重要。

通信部隊配備了各種通信設備，如無線電和有線電話等，並設有專門的通信兵負責操作這些設備。在戰場上，他們會架設天線和電話線，構建師團各部隊和高級指揮部之間的通信網，並努力在戰鬥中維持這些通信線路的暢通。如果電話線被敵方砲火切斷，他們會試著尋找斷點並加以修復。

美軍從小隊到師團層級都配備了優秀的無線電設備，但日軍和蘇軍由於通信設備較少，因此更多依賴下級部隊的傳令兵。德軍雖然也有通信設備，但到了戰爭末期、情況惡化時，開始依賴自行車傳令兵。

師團的補給部隊負責管理彈藥、糧食、燃料等各種補給物資，並供應給前線的部隊。這些補給物資由師團直屬的補給部隊交付到各部隊，再送至前線。

美軍步兵師團的補給部隊主要是使用卡車來進行補給任務，但動員較晚的德軍步兵師團和日軍其補給則以卡車和馬匹混合為主。

整備部隊配備專業知識的整備人員，負責維修師團的武器、車輛等器械。衛生部隊則負責處理傷員並轉送到後方醫療機構。擁有大量軍馬的師團還會設置獸醫中隊和馬廠。

負責布雷、設置障礙等工作的是一個相當重要的兵種，與步兵和砲兵並列。照片是1950年7月朝鮮戰爭期間，準備炸毀橋樑的美軍工兵。

靠著這些後方支援部隊讓各師團能在某程度上執行獨立的作戰行動，這也是日軍將師團稱為「戰略單位」的原因。

聯隊中的戰鬥團與戰鬥群

擁有各兵種的聯合部隊，步兵師團透過結合步兵的近身戰鬥力、偵察部隊的機動性、砲兵的火力、工兵的工程能力等各種功能，發揮高效的綜合作戰能力；這正是多兵種聯合部隊的最大優勢所在。

為了發揮這種優勢，師團指揮部需要精確地協調師團所屬的各部隊的作戰行動。因此，師團指揮部配置了相當多的人員，但即便如此，實現各部隊的協同運作還是件難度很高的事。

例如，當進攻中的步兵聯隊發現敵人前方有堅固的陣地時，步兵聯隊長會向師團指揮部請求砲火支援，接到請求的師長會下令砲兵聯隊提供支援。接到師長命令的砲兵聯隊長會向轄下的砲兵大隊長下達命令，進行砲火支援。

接著，步兵聯隊長請求工兵部隊進行障礙處理，就像是請求砲兵支援那樣，師長會下達命令給工兵大隊長，工兵大隊長會下令給工兵中隊，支援步兵聯隊。如果情況有變，命令將會再次沿著師長↓聯隊長↓大隊長↓中隊長的指揮系統逐層傳遞。

然而，這樣按照指揮系統一一傳遞命令，實際上會花費相當多的時間才能讓支援行動確實執行。在情況急劇變化時會很難做出適當的反應，其結果就會導致各部隊無法順暢地協同合作，難以發揮多兵種聯合部隊的優勢。

因此，在主要國家的步兵師團中，臨時編制了以步兵聯隊為核心，組合了工兵中隊、砲兵大隊等的小型多兵種聯合部隊來進行作戰。將各兵科的部隊暫時納入步兵聯隊長的指揮，以縮短指揮鏈，縮小部隊行動的反應時間，加快作戰節奏。

美軍稱這種以聯隊為核心的多兵種聯合部隊為RCT（regimental combat team，聯隊戰鬥團），而英軍則將組合步兵旅和幾個支援部隊的部隊稱為「旅團群」（Brigade group）。日軍的3單位師團經常編制有多兵種聯合的支隊，由步兵團長（少將銜）負責指揮，而德軍則將各種臨時編成的部隊稱為「戰鬥團」（Kampfgruppe）。

雖然各國命名方式有所不同，但都共同編制了規模較小的多兵種聯合部隊來進行作戰。這些部隊的規模雖然都在師團以下，但卻能充分發揮多兵種聯合作戰的優勢。

戰鬥團的編成

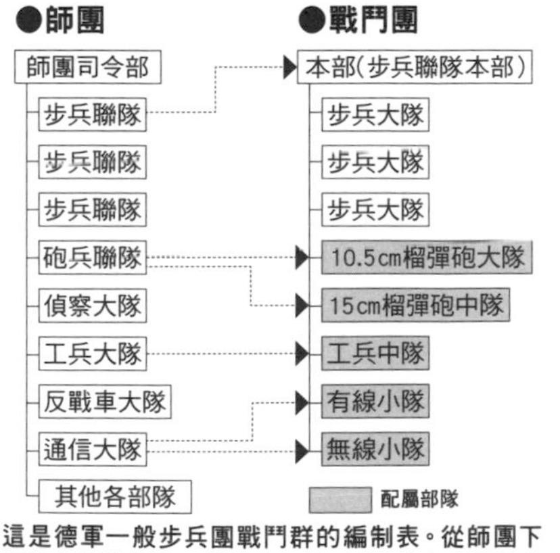

這是德軍一般步兵團戰鬥群的編制表。從師團下屬的各單位中抽取所需的部隊，並置於步兵團長的指揮（調配）。

步兵師團的基本戰術

接下來，讓我們以為期兩天的攻擊準備（即所謂的二夜準備）為例子，來看一下步兵師團的基本戰術。

首先，攻擊方會集結約2～5倍的防守方戰力。攻擊時，一個師團所負責的戰區寬度約是2～4公里左右。

一開始，師團所屬的步兵聯隊並不會全部投入前線，約有一個聯隊的兵力會被指定為預備隊放置在後方。參與攻擊的步兵聯隊各自負責約1～2公里的攻擊正面。更具體的說，攻擊方的一個步兵聯隊會攻擊防守方的一個步兵大隊或中隊，兵力上的比例大約如此。

師團的偵察部隊或前衛部隊會在抵達可能是敵方第一線陣地的地點後，會先確定敵陣前的重要據點，並掩護師團主力集結、進行敵情調查。他們會調查敵陣地內的兵力、武器部署情況、是否有障礙物等信息。這些情報收集工作通常會在夜間進行，因此最好在日落前抵達敵陣地。

基本上步兵師團不會從移動模式直接轉成攻擊模式。他們需要從一個長長的行軍隊形中將部隊集結起來，轉換成戰鬥隊形。此時如果敵方控制了制空權，則可能會遭受空襲干擾移動和集結的進行。因此，沒有制空權的一方可能會被迫進行夜間移動，這將使對地攻擊變得十分困難。

當偵察部隊獲得情報後，師團指揮部便會開始評估敵情。從黎明前到上午，他們會根據敵情進行判斷，制定攻擊計劃並發布命令。最遲在下午過後，師團便會下達命令。黃昏前，命令便會傳達到各中隊並在現場進行調整。工兵部隊也會利用黃昏時來確認敵陣前的障礙物，並做好障礙處理的準備。

在第二天晚上，各部隊將利用夜間推進至集結地，並展開成攻擊隊形。他們會在夜間確認最後的攻擊計劃，做好所有準備以迎接黎明。

另外，在「一夜準備」的情況下，前衛部隊將在

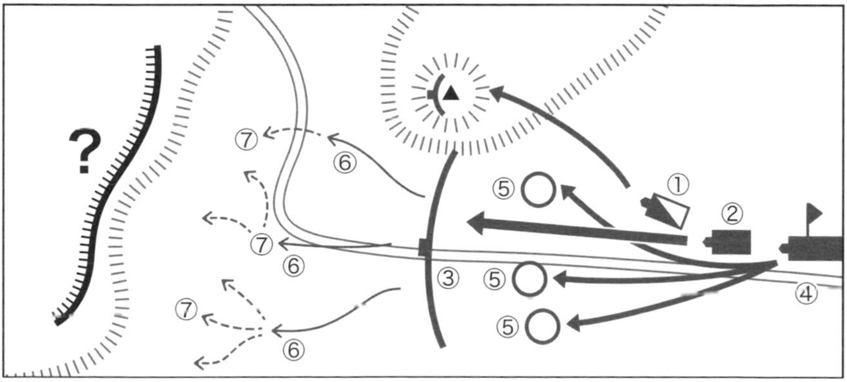

攻擊準備

①前衛部隊奪取攻擊所需的關鍵地點（要塞地形）。②師團先遣隊，③展開以掩護主力部隊的推進。隨後主力部隊展開，⑤集結。⑥進行偵察以做好攻擊準備。有時也會派出⑦潛入偵察人員。

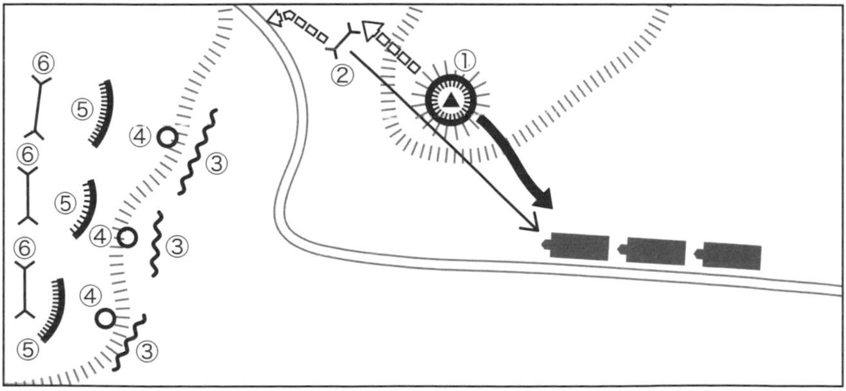

防禦

①妨礙攻擊方行動的前方支援部隊。②支援前方支援部隊的砲兵。後退路線會選擇像箭頭所指的被丘陵遮蔽的安全路線。③障礙，④警戒部隊，⑤主要陣地的前緣，⑥直屬砲兵。

下午過後接觸敵陣地，在夜幕降臨前制定粗略的攻擊計劃並發布師團命令。在夜幕降臨時進行攻擊前的偵察，於夜間集結部隊並轉成戰鬥隊形。隨著黎明的到來展開攻擊，並在遭遇障礙時立即進行障礙處理。這樣的進攻方式，所有人的壓力都非常大。

攻擊通常開始於砲兵部隊的攻擊前炮擊。在第一次世界大戰中，為了摧毀精心構築的戰壕，炮擊通常會持續好幾天。然而，長時間的炮擊會減弱突襲的效果，甚至還可能因為敵方砲兵的反擊而妨礙了攻擊前炮擊的進行；因此在第二次世界大戰中，通常會改在黎明時分進行數小時的炮擊。在天亮後開始炮擊是因為需要透過彈著點觀測來提升炮擊的準確度。

如果要強調突襲效果的話，就會進行黎明攻擊（在天亮前開始攻擊）。由於無法進行攻擊前炮擊，且障礙處理也可能會因為夜間的諸多限制而出現問題，但在暗夜中接近敵陣的優勢也是顯而易見的。

另一方面，防守方師團所負責的戰區寬度約為8～10公里。當當兵力不足時，這個寬度有時可能會超過20公里。

與進攻情況相同，師團所屬的所有步兵聯隊並不會全部投入前線，大約有一個聯隊的兵力會被指定為師團的預備隊，並放置在後方1公里處。在3單位師團中，一個聯隊負責約4～5公里寬的戰區，後方的步兵預備隊也會參與，形成約3～4公里深的縱深陣地。每個步兵聯隊都會得到師團砲兵的火力支援。

在主陣地前方約2～3公里的範圍內，會設置前哨陣地，部署從小隊到中隊規模的警戒部隊，還會設置地雷、反坦克壕、蛇腹鐵絲網等障礙物。警戒部隊會針對這些部署進行監視和巡邏，以察覺敵軍是否接近，並防止突襲，還會努力獲取有關敵軍的兵力和裝備等訊息。

在警戒部隊前方約10公里處，會設置大隊規模的前置支隊，逼迫敵軍從行軍隊形轉成戰鬥隊形，以爭取時間建立防禦陣地，還會引誘攻擊部隊以消耗他們的體力。前置支隊不會固守陣地，而是沿著預先設定好的路線在友軍的炮火掩護下爭取時間後撤，因此一開始就會將部分的師團砲兵部署在前方，提供火力掩護前置支隊後撤、阻礙敵軍前進，並將砲兵部隊後撤至後方砲兵陣地。

當攻擊方的砲兵部隊展開攻擊前的炮擊後，防守方的砲兵部隊會以師團的GS大隊或軍團直屬的砲兵部隊等長射程火砲為目標進行攻擊。透過砲火的火光標定和砲聲的音響標定來掌握攻擊方的砲兵位置，並予以打擊。

為了避免受到敵方的砲火襲擊，砲兵部隊需要頻繁地更換陣地。若砲兵部隊已經實現機械化，那麼更換陣地就不是那麼難的事。砲兵的機械化不僅提高了機動性，還會對戰力的發揮和維持產生重大的影響。

在反砲兵戰中壓制了敵方的炮兵，並取得火力優勢後，會持續發射火砲以制服敵方的近戰部隊（如步兵和坦克部隊）並支援友軍的進攻。在進行攻擊支援時，有時會逐漸延長射程，將著彈區向前推進，進行移動彈幕射擊。但由於移動彈幕射擊需要以最快的速度連續發射彈藥，會消耗大量的彈藥，很難長時間實施。

為了掩護前進中的攻擊部隊不會受到防禦部隊的攔阻，攻擊方的砲兵有時會發射發煙彈。但在無法清楚辨識目標的情況下，就很難進行準確的着彈觀測；盲目射擊的效果有限。

若未能完全壓制住防守方的砲兵部隊，攻擊方的步兵在前進時可能會受到防守方的砲兵攻擊，並在發起突襲時遭受破壞射擊。然而，要防守方的砲兵依據攻擊方的步兵突襲，準確投放出炮彈這實在是相當困難的事。

關於步兵聯隊的攻擊，請參考前一章。

當前線部隊成功突破主陣地後，會確實保護好突破口，以免

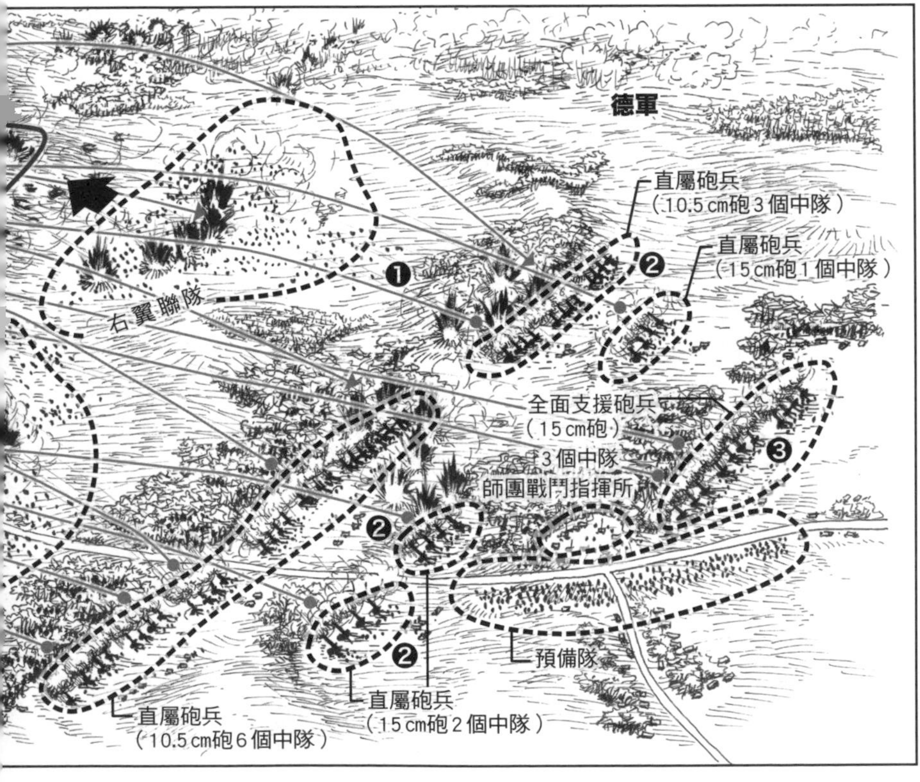

陷入防守方的反包圍。還會繼續深入敵後方，以擴大戰果。如有需要，也會投入預備隊。

當主陣地被突破後，防守方會投入預備隊來填補戰線上的缺口，並抓住攻擊停滯時的機會發動反擊，試圖包圍突破部隊。若仍無法阻止敵方突破，則會請求上級投入預備隊。

步兵師團的攻擊

這幅插圖描繪了德軍步兵師團進攻蘇聯防禦陣地的情況。攻擊編隊基本上是將每個步兵部隊（聯隊、大隊、中隊）中的一個當作預備，另外兩個擔任前線，其中一個前線部隊作為主要進攻部隊。在這幅插圖中，左翼聯隊被選為主要進攻部隊，集中了10.5cm砲和15cm砲，共8個中隊。

※對於德軍來說，通常會將原本用於全面支援的15cm砲用作直屬砲兵，有時全面支援砲兵會從軍/軍團調過來。同時，支援預備聯隊的砲兵大隊一開始會支援前線，這就是所謂的「無預備的砲兵」。

❶炮擊敵陣地的10.5cm砲兵
❷炮擊敵方直屬砲兵的15cm砲兵
❸炮擊敵方全面支援砲兵的15cm砲兵（從軍團調來的）
❹進行突擊破壞射擊的蘇軍直屬砲兵
❺炮擊德軍直屬砲兵的蘇軍全面支援砲兵

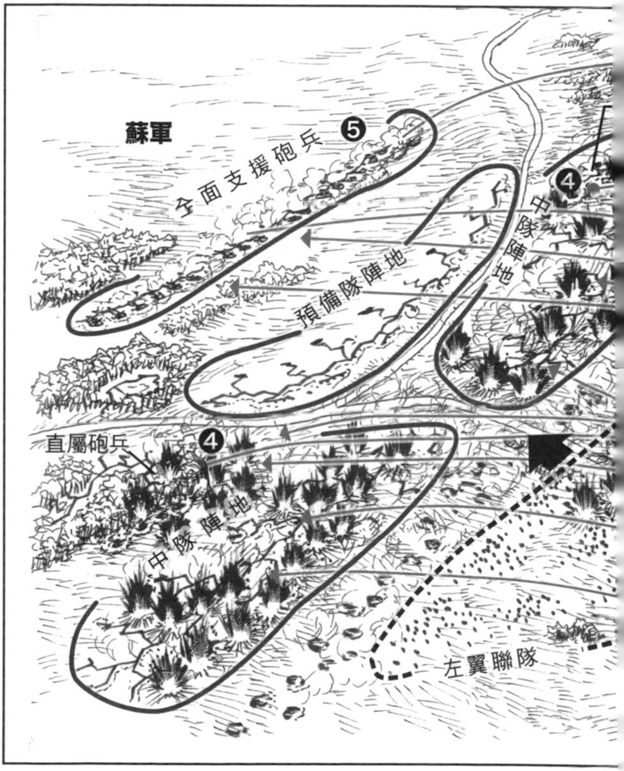

支援的軍團、軍團直屬部隊

師團的上級單位為軍團。

在德、美、蘇和英國軍隊中，會由數個師團編組成軍團，以及幾個軍團組成的集團軍。日軍則沒有軍團這一層級，師團的上級單位即為軍隊；幾個軍隊聚集在一起就形成軍集團、方面軍或正面軍。

這些上級部隊會有各種直屬部隊，根據需要支援前線的各師團。例如，軍團或軍直屬的砲兵部隊裝備了射程比各師團的支援大隊更長、威力更大的火砲，可以對戰線後方的重要目標或集結中的敵方步兵進行打擊。軍團直屬的獨立火箭砲聯隊則集中部署在攻擊正面上的師團戰區，裝備了攻城重砲的獨立重砲兵聯隊則負責支援攻佔要塞的師團。

像攻城重砲這樣的特殊裝備並不一定總是必要的。在平地的機動戰中，攜帶攻城重砲反而可能成了累贅。火箭砲雖然火力強大，但發射後需要重新裝填，難以持續射擊且射程較短，除了作為攻擊前的射擊外，用處並不大。因此，擁有這些特殊裝備的部隊並不會常設於師團，而是作為軍團或軍直屬部隊，在需要時才支援特定的師團。

美軍由於師團級別的偵察部隊相對較弱，因此每個軍團都設有由2個機械化偵察大隊組成的機械化騎兵群來負責偵察任務。此外，每個步兵師都增設了獨立戰車大隊和反坦克大隊（裝備了大量反坦克輪式裝甲車），以及高射自動武器大隊（裝備自走式高射炮）等增援部隊。

因此，美軍的步兵師擁有比德軍的裝甲擲彈兵師（由自動化步兵師加上戰車大隊等改組而成）更多的坦克和反坦克車輛，並在獲得制空權的情況下，還能獲得自走式高射炮的火力支援。

其他主要國家的軍隊也都設有獨立的戰車旅和突擊砲旅等直屬部隊，並將其中一部分用於支援步兵師團，但像美軍那樣通過多個獨立部隊來持續增援步兵師團的卻是獨一無二的。

軍隊和軍集團不僅擁有各種戰鬥部隊，還有各種直屬的補給部隊和後勤部隊，負責將物資供應給方面軍、軍團和師團。因此，每個師團的補給部隊只負責補給基地到隸屬於師團的各部隊的補給；這樣的設計造成即使師團具備一定的獨立作戰能力，其活動範圍也無法超過距補給基地數十公里遠的地方。

戰術的本質是什麼？

觀察軍團或是軍級的進攻模式會發現：其下的各師團會在軍團直屬砲兵的支援下進行前進；就像是步兵聯隊在師團砲兵的火力支援下進行攻擊。這時軍團並不會將其下的所有師團都投入戰線，而是保留部分的師團作為預備戰力；這與步兵師團將部分的步兵聯隊作為師團的預備兵力類似。

當某個師團成功突破敵方防線後，軍團會投入預備師來確保突破口，或通過突破口進入敵後方以擴大戰果。預備部隊的使用方式在師團或軍團的層面上並沒有太大的不同。

更進一步說，從接受軍團砲兵野戰重砲支援的步兵師團和接受小隊輕機槍支援的步兵個人來看，本質上並沒有區別。它們都遵循著「火力與移動」的基本原則。攻擊部隊的規模從小隊到中隊，再到大隊或聯隊，甚至是師團或軍團，壓制火力的手段從輕機槍到迫擊砲、步兵砲，再到榴彈砲或野戰重砲，無論從哪個層面上來看，「火力與移動」這一本質並沒有改變（僅僅是手段上的差別而已）。因此可以說「火力與移動」就是戰術的本質（當然，也可以從其他角度得出不同的觀點）。

當我們以此為出發點來閱讀二戰時期的戰史，就能更加深入地理解雙方在作戰行動上的意圖。不僅限於二戰期間，自火器出現後的任何時代，只要記住「火力與移動」這一點，都能有所收穫。因為不管使用的是高性能的突擊步槍還是老式的火繩槍，戰術的本質始終沒變。

各國的步兵師編制

日本陸軍3單位的師團編制
（1942年:第16師團）

- 師團司令部
  - 步兵團
    - 步兵聯隊
      - 步兵大隊 ×3（*2）
      - 步兵砲中隊 7.5cm山砲×4
      - 速射砲中隊 37mm速射砲×4（*3）
      - 通信中隊
    - 步兵聯隊 （編制與上述步兵聯隊相同）
    - 步兵聯隊 （編制與上述步兵聯隊相同）
  - 搜索聯隊
    - 乘車中隊 ×2
    - 輕裝甲車中隊
    - 通信小隊
  - 野砲兵聯隊 7.5cm野砲×24、10cm榴彈砲×12
    - 野砲大隊(機械化)
    - 野砲大隊
    - 榴彈砲大隊
  - 工兵聯隊
    - 工兵中隊 ×3
    - 器材小隊
  - 輜重兵聯隊
    - 輓馬中隊
    - 自動車中隊 ×2
  - 師團通信隊
  - 師團衛生隊
    - 担架中隊 ×3
    - 車輛小隊
  - 師團野戰病院 ×3
  - 師團病馬廠
  - 師團防疫給水部
  - 師團兵器勤務隊

*1…4個步兵連，1個機槍連。
*2…3個步兵連，1個機槍連，
1個步兵砲小隊。
*3…速射砲是日軍對反坦克砲的稱呼。

日本陸軍4單位的師團編制
（1941年:第18師團）

- 師團司令部
  - 步兵旅團
    - 步兵聯隊
      - 步兵大隊 ×3（*1）
      - 步兵砲中隊 7.5cm山砲×4
      - 機槍中隊 重機槍×8
    - 步兵聯隊 （編制與上述步兵聯隊相同）
  - 步兵旅團 （編制與上述步兵旅團相同）
  - 山砲兵聯隊 7.5cm山砲×24、7.5cm野砲×12
    - 山砲大隊 ×2
    - 野砲大隊
  - 工兵聯隊
    - 工兵中隊 ×2
  - 輜重兵聯隊
    - 輓馬中隊 ×4
    - 馬　廠
  - 騎兵大隊
    - 騎兵中隊 ×2
    - 機槍小隊
  - 師團通信隊
  - 師團衛生隊
  - 師團野戰病院 ×3
  - 師團病馬廠
  - 師團兵器勤務隊

太平洋戰爭初期的日本陸軍擁有4單位師團和3單位師團兩種編制。表中顯示的是在馬來亞戰役中表現突出的第18師團和在菲律賓攻略中投入的第16師團。第18師團利用其部隊單位多的優勢，編成了別動隊（佗美支隊），並在登陸作戰中發揮了重要作用。第16師團是根據「軍備充實計劃」編成的3單位師團，也是半機動化師團。

製作／樋口隆晴（出處：『歴史群像アーカイブ volume 2 ミリタリー基礎講座 戦術入門WWⅡ』）

美國陸軍
空降師的編制
（1944年6月:第101空挺師團）

- 師團司令部
  - 降落傘步兵聯隊
    - 降落傘步兵大隊 ×3
  - 降落傘步兵聯隊
    - 降落傘步兵大隊 ×3
  - 滑翔機步兵聯隊
    - 滑翔機步兵大隊 ×3
  - 滑翔機步兵聯隊
    - 滑翔機步兵大隊 ×3
  - 師團砲兵司令部 75mm輕榴彈砲×36
    - 降落傘野砲大隊 ×2
    - 滑翔機野砲大隊 ×2
  - 反空降大隊 .50口徑（12.7mm）反空機槍×36
    - 高射自動武器中隊 ×3
  - 空降工兵大隊
  - 通信中隊
  - 衛生中隊
  - 武器整備中隊
  - 補給中隊

美國陸軍
步兵師團的編制
（1944年）

- 師團司令部
  - 步兵聯隊
    - 步兵大隊 ×3
    - 反坦克砲中隊 57mm坦克砲×9
    - 火砲中隊 105mm榴彈砲×6
  - 步兵聯隊 （編制與上述步兵聯隊相同）
  - 步兵聯隊 （編制與上述步兵聯隊相同）
  - 師團砲兵司令部 105mm榴彈砲×36、155mm榴彈砲×12
    - 司令部中隊
    - 砲兵大隊 ×3
    - 砲兵大隊
  - 工兵大隊
    - 工兵中隊 ×3
  - 衛生大隊
    - 搬送中隊 ×3
    - 野戰病院中隊
  - 偵察中隊
  - 通信中隊
  - 武器整備中隊
  - 補給中隊
  - 獨立戰車大隊※ 中戰車×59、輕戰車×17
    - 中戰車中隊 ×3
    - 輕戰車中隊
  - 獨立戰車驅逐大隊※ 戰車驅逐車×36
    - 戰車驅逐中隊 ×3
  - 獨立高射自動武器大隊※ 自走反空砲×32
    - 高射自動武器中隊 ×3

※配屬部隊

參加第二次世界大戰的各國中，美軍擁有最完善的編制裝備。步兵師團實現了完全機動化，並常駐配屬戰車和戰車驅逐大隊。空降師團為了在廣域範圍內展開行動，配備有4個步兵團，包括為運送重裝備而設立的滑翔機步兵團（滑翔機步兵團與降落傘步兵團的比例隨時期變化）。作為登陸作戰用的步兵師團，海軍陸戰隊師團沒有155毫米炮大隊，但擁有建制內的戰車大隊，並配有工兵大隊以設立灘頭堡。

製作／樋口隆晴（出處『歴史群像アーカイブ volume 2 ミリタリー基礎講座 戰術入門WWⅡ』）

德國陸軍 步兵師團的編制（1939年）

- 師團司令部
  - 步兵聯隊
    - 步兵大隊 ×3
    - 步兵砲中隊 15cm重步兵砲×2、17.5cm輕步兵砲×6
    - 反坦克砲中隊(m) 3.7cm反坦克砲×12（＊1）
  - 步兵聯隊（編制與上述步兵聯隊相同）
  - 步兵聯隊（編制與上述步兵聯隊相同）
  - 砲兵聯隊
    - 觀測大隊
    - 輕野戰榴彈砲大隊 ×3 10.5cm輕野戰榴彈砲×36
    - 重野戰榴彈砲大隊 15cm重野戰榴彈砲×12
  - 偵察大隊
    - 騎兵中隊
    - 偵察中隊(m)
    - 重裝備偵察中隊(m) 3.7cm反坦克砲×3、7.5cm步兵砲×2、輕裝甲車×2
  - 工兵大隊
    - 工兵中隊 ×2
    - 工兵中隊(m)
    - 架橋段列(m)
  - 反戰車大隊(m) 3.7cm反坦克砲×36、2cm反空機關砲×12
    - 反戰車中隊(m) ×3
    - 輕反空中隊(m)
  - 通信大隊
  - 補給隊
    - 補給段列(m) ×8
    - 燃料段列(m)
    - 補給中隊(m)
    - 整備中隊(m)
  - 管理隊
    - 精肉中隊(m)
    - 製麵包中隊(m)
    - 兵站部(m)
  - 衛生隊
    - 衛生中隊
    - 衛生中隊(m)
    - 救急車段列
    - 野戰病院(m)
  - 獸醫中隊
  - 野戰郵便局(m)
  - 野戰憲兵隊(m)
  - 野戰補充大隊

＊1（m）…機械化

美國海軍陸戰隊 海軍陸戰師的編制（1945年）

- 師團司令部
  - 司令部大隊
  - 海軍聯隊
    - 海軍大隊 ×3
  - 海軍聯隊
    - 海軍大隊 ×3
  - 海軍聯隊
    - 海軍大隊 ×3
  - 海軍砲兵聯隊 105mm榴彈砲×48（＊1）
    - 砲兵大隊 ×4
  - 海軍戰車大隊 中戰車×46
    - 戰車中隊 ×3
  - 水陸兩用裝甲牽引車大隊 LVT（A）×75、LVT-4×6
    - 水陸兩用裝甲牽引車中隊 ×4
  - 工兵大隊
  - 建設工兵大隊
  - 支援大隊
  - 補給中隊
  - 武器整備中隊
  - 輸送大隊
    - 輸送中隊 ×3
  - 通信大隊
  - 衛生大隊
  - 水陸兩用裝甲牽引車大隊 ×2（＊2）

*1…有時會是105mm榴彈砲×36、76mm輕榴彈砲×12的情況。
*2…根據作戰的不同，數量可能會有變化。

德國陸軍 裝甲投擲兵師團的編制（1944年）

- 師團司令部
  - 裝甲擲彈兵聯隊(m)
    - 裝甲擲彈兵大隊(m) ×3
    - 重步兵砲中隊(gp) 15cm自走重步兵砲×6（*6）
    - 反戰車中隊(m) 7.5cm反坦克砲×9
  - 裝甲擲彈兵聯隊(m)（編制は上記聯隊と同）
  - 裝甲砲兵聯隊(m)
    - 聯隊本部大隊(m)
    - 輕野戰榴彈砲大隊(m) 10.5cm輕榴彈砲×12
    - 混成砲兵大隊(gp) 10.5cm自走擊榴彈砲×8、15cm自走重榴彈砲×4
    - 重野戰榴彈砲大隊 15cm重榴彈砲×12
  - 裝甲偵察大隊(gp)
    - 偵察中隊(gp) ×3
    - 重武器中隊(gp) 重機槍×4、81mm迫擊砲×10
  - 戰車大隊 戰車×48（*7）
    - 戰車中隊 ×3
  - 反戰車大隊(gp) 7.5cm自走反坦克砲×31、7.5cm反坦克砲×12
    - 反坦克砲中隊(gp) ×2
    - 反坦克砲中隊(m)
  - 反空大隊(m) 8.8cm反空砲×8、2cm高射機關砲×18
    - 重反空中隊 ×2
    - 輕反空中隊
  - 裝甲工兵大隊(gp) 重機槍×6、81mm迫擊砲×6
    - 工兵中隊(m) ×2
    - 工兵中隊(gp)
    - 輕架橋段列(m)
  - 通信大隊(m)
  - 補給隊(m)
  - 管理隊(m)
  - 衛生隊
  - 整備隊(m)
  - 野戰憲兵隊
  - 野戰郵便局

德國陸軍 步兵師團的編制（1944年）

- 師團司令部
  - 步兵聯隊（*2）
    - 步兵大隊 ×2
    - 步兵砲中隊
    - 戰車驅逐中隊(m)（*3）
  - 步兵聯隊（編制與上述步兵聯隊相同）
  - 步兵聯隊（編制與上述步兵聯隊相同）
  - 砲兵聯隊
    - 輕野戰榴彈砲大隊 10.5cm輕野戰榴彈砲×12
    - 重野戰榴彈砲大隊 15cm重野戰榴彈砲×12
  - 燧發槍兵大隊（*4）
    - 自転車化步兵中隊
    - 步兵中隊
    - 重武器中隊
  - 工兵大隊
    - 工兵中隊 ×2
    - 自転車化工兵中隊
  - 戰車驅逐大隊
    - 戰車驅逐中隊(m)（*5）
    - 突擊砲中隊（*5）
    - 反空砲中隊(m)
  - 通信大隊
  - 補給隊
    - 輸送中隊(m)
    - 輸送中隊
    - 半機械化補給中隊
    - 整備中隊
  - 管理隊
    - 精肉中隊(m)
    - 製麵包中隊(m)
    - 兵站部(m)
  - 衛生隊
    - 衛生中隊
  - 獸医中隊
  - 野戰郵便局(m)
  - 憲兵隊(m)
  - 野戰補充大隊

雖然德軍以閃電戰的形象著稱，但數量上佔主力的步兵師團仍是使用輓馬編制的傳統部隊。戰爭後期，由於連續損失，傳統師團的編成變得困難，變成了如右表所示的師團或兩個團編制的師團。與裝甲師團共同作戰的裝甲擲彈兵師團（自1943年起稱為「擲彈兵」）實際上只是自動車化步兵師團，而非真正的機械化步兵師團。此外，編制內的戰車大隊實際上配備戰車的情況僅限於1942年的第16自動車化步兵師團等少數且短期的情況。
製作／樋口隆晴（出處『歷史群像アーカイブ volume 2 ミリタリー基礎講座 戰術入門WWⅡ』）

*2…2個大隊型聯隊。
*3…有時會是7.5cm反坦克砲×9、巴次克火箭筒×36的情況。
*4…替代偵察大隊的輕步兵大隊。
*5…或者是反坦克車中隊。
*6（gp）…裝甲化
*7…實際上裝備了突擊砲。

蘇聯紅軍 機械化步兵旅團的編制
(1944年)

- 旅團本部
  - 機械化步兵大隊 ×3
  - 砲兵大隊 76.2㎜野砲×12
  - 重迫擊砲大隊
  - 偵察中隊 裝甲車×7、裝甲部隊員輸送車×10
  - 地雷敷設工兵中隊
  - 高射機槍中隊
  - 短機槍中隊
  - 反戰車槍中隊 14.5㎜反戰車槍×18
  - 整備中隊
  - 輸送中隊
  - 衛生小隊

蘇聯紅軍 步兵師團的編制
(1944年)

- 師團司令部
  - 步兵聯隊
    - 步兵大隊 ×3
    - 步兵砲中隊 76.2㎜步兵砲×4
    - 重迫擊砲中隊 120㎜迫擊砲×7
    - 反戰車槍中隊 14.5㎜反戰車槍×27
    - 短機槍中隊
    - 反坦克砲中隊 45㎜反坦克砲×6
  - 步兵聯隊 (編制與上述狙擊聯隊相同)
  - 步兵聯隊 (編制與上述狙擊聯隊相同)
  - 砲兵聯隊 76.2㎜野砲×24、122㎜榴彈砲×12
    - 混成砲兵大隊 ×3 (*1)
  - 機械化反戰車大隊 14.5㎜反戰車槍×18、45㎜反坦克砲×12
    - 反戰車槍中隊
    - 反坦克砲中隊 ×2
  - 工兵大隊
  - 衛生大隊
  - 偵察隊
  - 通信中隊
  - 機械化高射機槍中隊 12.7㎜高射機槍×18
  - 補修中隊
  - 輸送中隊
  - 製麵包隊
  - 野戰病院

*1=76.2㎜野砲2個中隊、122㎜榴彈砲1個中隊。

蘇聯紅軍的步兵師團忠實於其軍事思想，從步兵用的重火器到野炮，火力配置都非常完善。然而，由於初期遭受巨大損失，師團在擴編時，各種支援部隊的規模較小，通常只有中隊規模。此外，構成機動打擊的坦克軍團和機械化軍團中的機動化步兵，其最大戰術單位是旅團，而非師團。

製作／樋口隆晴（出處『歴史群像アーカイブ volume 2 ミリタリー基礎講座 戰術入門WWⅡ』）

英國陸軍步兵師團的編制
(1944年)

- 師團司令部
  - 步兵旅團
    - 步兵大隊 ×3
    - 支援中隊
  - 步兵旅團 (編制與上述步兵旅團相同)
  - 步兵旅團 (編制與上述步兵旅團相同)
  - 師團砲兵隊 25磅砲×36
    - 砲兵司令部
    - 砲兵聯隊 ×3 (*1)
    - 反坦克砲聯隊 6磅砲×16、17磅砲×36 (*2)
    - 輕反空砲聯隊
  - 偵察聯隊 裝甲車×21、6磅反坦克砲×6
    - 偵察大隊 ×3
    - 反坦克砲中隊
  - 機槍大隊 4.2吋迫擊砲×16、重機槍×36
    - 偵察大隊
    - 反坦克砲中隊 ×3
  - 師團工兵隊
    - 工兵中隊 ×3
    - 車兩修理處中隊
    - 架橋小隊
  - 師團補修隊
    - 補修處(步兵旅團) ×3
    - 補修處(直轄部隊)
  - 師團補給部隊
    - 補給中隊(步兵旅團) ×3
    - 補給中隊(直轄部隊)
  - 需品補給隊
  - 通信隊
  - 衛生隊
  - 憲兵隊

＊1…大隊規模
＊2…更換為17磅反戰車自走砲

英國步兵師團因其傳統，設有步兵旅和步兵大隊的指揮結構（連隊作為管理單位而非戰鬥單位）。此外，原本編入步兵部隊的重機槍和迫擊砲部隊也作為師團的直屬部隊，這也是源於傳統。可以說，英國軍隊的特點是深受近代歐洲軍隊的影響。

製作／樋口隆晴（出處：『歴史群像アーカイブ volume 2 ミリタリー基礎講座 戰術入門WWⅡ』）

第二部

裝甲部隊

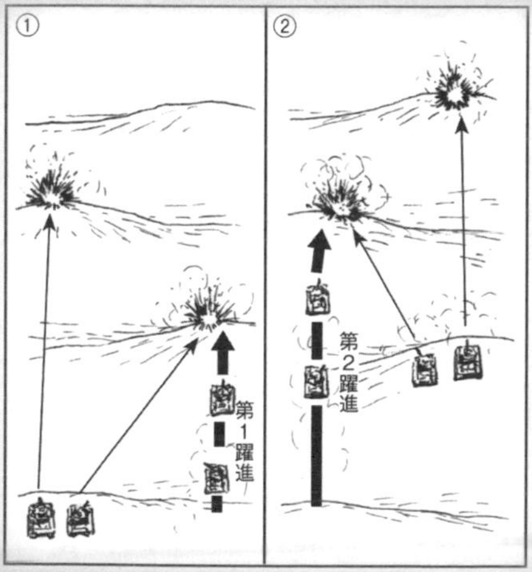

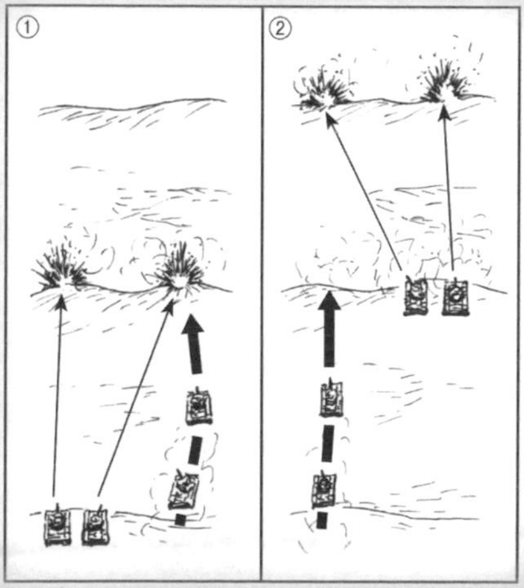

攻擊主力由裝甲部隊擔任

在第一次世界大戰期間，各主要國家的陸軍都以步兵為主力。第一次世界大戰後期，以英法聯軍為中心，開始組建起坦克部隊，當時只是將坦克用於支援步兵，並不視為攻擊上的主力。

當第二次世界大戰爆發時，德軍以裝甲部隊為核心，展開了對波蘭、法國等地的快速進攻。這讓各主要國家的陸軍開始將裝甲部隊視為攻擊主力。第二次世界大戰結束時，至少在歐洲戰區，已經無法想像沒有裝甲部隊的大舉攻勢了。

因此，要深入理解第二次世界大戰的戰史，對於裝甲部隊的戰術以及實現這些戰術所需的編制是至關重要的。本書的第二部將重點介紹參與第二次世界大戰的各主要國家其裝甲部隊的編制和所使用的戰術。

1940年5月對法國的戰鬥中，德國第7裝甲師的38(t)坦克部隊。第7裝甲師由隆美爾將軍指揮，以其神出鬼沒的行動被稱為「幽靈師」。

第1章 單車～戰車小隊

戰車的乘員數與戰鬥力

首先，讓我們來看看戰車的乘員及其角色，以及乘員數所代表的意義。

第二次世界大戰初期，法軍的戰車大多是2名乘員，一名是指揮戰車的車長（戰車長），另一名是操縱戰車的操縱手。因為只有車長一人位於車體上方的旋轉砲塔中，所以他必須同時兼顧砲手（操作主砲）和裝填手（裝填彈藥）的角色，無法專注於指揮戰鬥。

由於無線電設備的普及較晚，未裝備無線電的戰車主要是透過從砲塔上方的小小艙口伸出手旗來進行的。在視野已經相當受限的戰車內部，一人分飾三角的車長想要在戰鬥中伸出手旗，或是確認信號都是非常困難的。因此，多輛戰車之間

這是法國的夏爾B1重型坦克，車身裝備了短管75mm火炮，砲塔裝備了長管47mm火炮。雖然這輛坦克重達28噸，但砲塔相對較小，只能容納一名車長。

雙人砲塔和三人砲塔的差異

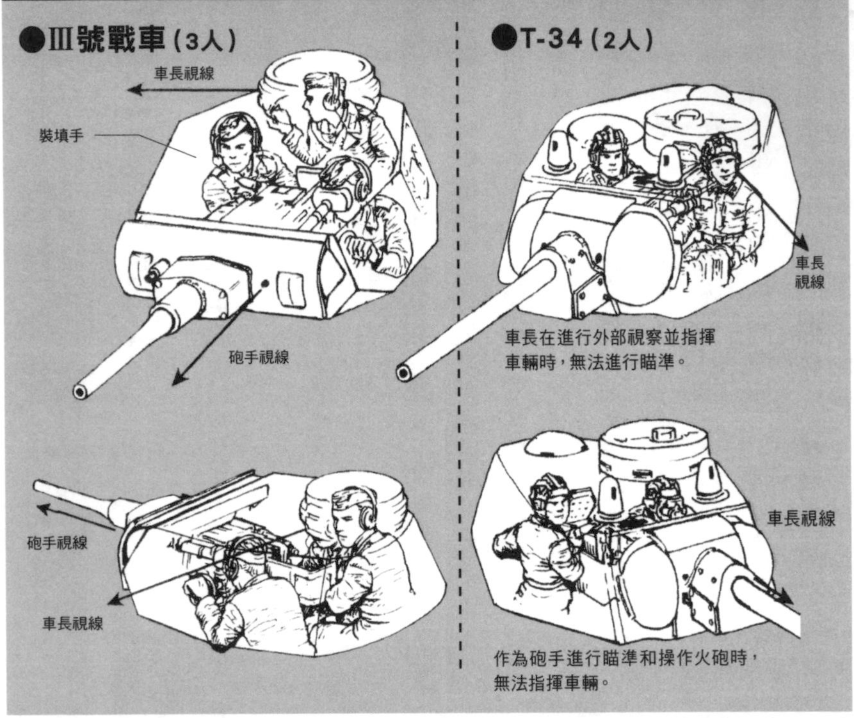

上方插圖比較了德國和蘇聯在德蘇戰爭初期Ⅲ號坦克和T-34坦克（裝備76㎜炮）的砲塔內部情形。在T-34坦克中，車長兼任砲手，這意味著在瞄準時車長無法擔任指揮官的角色。在注重速度的坦克戰中，這是一個致命的缺點；這也是T-34坦克在火力、機動性和裝甲防護力均優於Ⅲ號坦克，但卻遭到嚴重打擊的原因。同樣，在日本的雙人砲塔坦克中，砲手也同時兼任裝填手，讓車長能獨立指揮。※在插圖中，Ⅲ號坦克的車長在瞄準時朝其他方向觀察，實際上在射擊時他應該是要觀測彈道。

的協同動作就變得相當困難。

另一方面，德軍的三號戰車和四號戰車則有5名乘員，包括車長、砲手、裝填手、操縱手和無線電操作員。砲塔內有車長、砲手和裝填手3人，這樣車長就能專注於指揮戰鬥了。而且，基本上所有的戰車上都裝配了無線電設備，能夠與其他戰車隨時協調進行作戰。

此外，由於專職裝填手的加入，讓主砲的彈藥可以迅速裝填。換句話說，就是縮短了主砲的發射間

德軍戰車用無線機

德軍坦克部隊取得勝利的秘密武器是全車配備無線電話，以快速、靈活的指揮取得勝利。插圖中的坦克標準型無線電話是一種電話/電信兩用的超短波無線電話，由10瓦發射機和接收機組成。使用2米的桿天線時，電波的傳輸距離在移動時為2公里（電話）和4公里（電信），停止時為4公里（電話）和6公里（電信）。

●頭戴式耳機（Kopfhaube A）

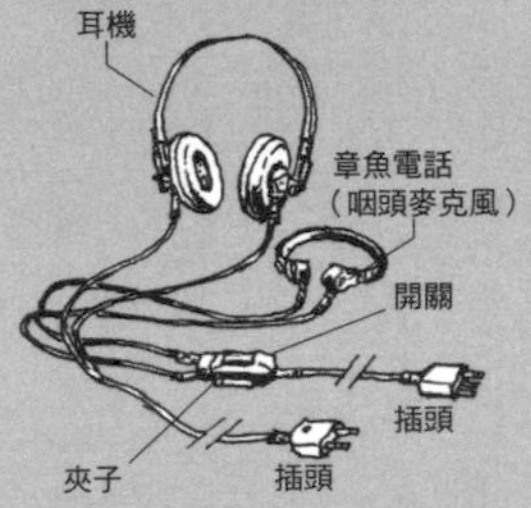

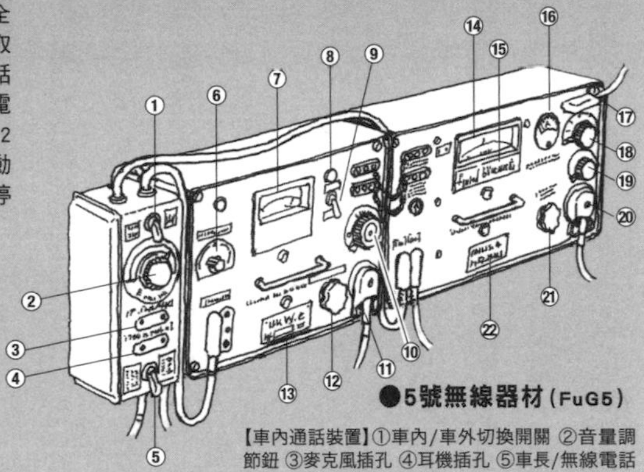

●5號無線器材（FuG5）

【車內通話裝置】①車內/車外切換開關 ②音量調節鈕 ③麥克風插孔 ④耳機插孔 ⑤車長/無線電話操作員切換開關

【接收機】⑥雜音消除旋鈕 ⑦頻率顯示器 ⑧指示燈 ⑨接收模式切換開關 ⑩音量調節鈕 ⑪變壓器連接線 ⑫頻率調整旋鈕 ⑬銘牌（接收機名稱和製造編號）

【發射機】⑭頻率顯示器 ⑮「敵人也在聽著呢!!」字樣 ⑯電壓計 ⑰天線電纜 ⑱音量調節鈕 ⑲主開關（兼電話電信切換旋鈕）⑳變壓器連接線 ㉑頻率調整旋鈕 ㉒銘牌（發射機名稱和製造編號）

隔，發射速度（射速）加快了，與法軍的戰車相比，單位時間內的命中率會更高。

例如，假設某主砲的命中率為20%，如果該砲的射速為每分鐘5發，那麼每分鐘的命中彈數為1發；如果射速為每分鐘15發，則每分鐘的命中彈數為3發。射速增加3倍，命中彈數也會跟著提高3倍，這是顯而易見的。

正因如此，砲塔內乘員是要配置3人還是更少？車長是否能專注於戰鬥指揮？這些因素都會對坦克的戰鬥力產生重大的影響。單憑主砲的裝甲穿透力，或是裝甲厚度這些表面規格是無法判斷坦克的戰鬥力的。

在大戰中成為蘇軍坦克隊主力的T-34中型坦克有4名乘員，砲塔中配置了車長（兼任砲手，或裝填手）和裝填手（或砲手）兩人，這讓車長無法專注於戰鬥指揮。在德蘇戰爭初期，由於車載無線電設備不足，面臨著與前述法國坦克相同的問題。

因此，蘇聯在1944年開始生產大口徑的主砲和有著大型3人砲塔的T－34－85。

大戰初期，英軍的巡航坦克Mk.Ⅲ（A13）和步兵坦克Mk.Ⅱ（A12）馬蒂爾達等都已經採用了3人砲塔。參戰前就已經開始量產的美軍M3中型坦克也是配備3人砲塔，其後繼型M4中型坦克也同樣是3人砲塔。至於日軍，在大戰後期開始量產一式中型坦克時，包括搭載新型砲塔的九七式中型坦克在內，也傳出會讓裝填手乘坐其中。

因此，在大戰後期，各主要國家的坦克部隊其主力坦克都逐一變成3人砲塔的設計。

Ⅲ號坦克是德軍能夠進行高效戰鬥行動的主力坦克，砲塔上有車長、炮手和裝填手。照片展示了裝備後期型短砲管75㎜炮的N型坦克。

行軍時各乘員的任務

接下來，讓我們詳細地說明行軍時各乘員所扮演的角色。

在戰車展開行軍前，操縱手要負責檢查各部件是否正常運作。德軍的虎式I型戰車乘員手冊就提到：出發前的準備需要2小時。需要去除蓋在戰車上的偽裝、補充汽油、檢查電瓶的電壓、補充冷卻水，並檢查散熱器周圍的軟管和管道，啟動引擎進行熱機運轉、檢查引擎和變速箱等六個地方的油位，還有檢查油壓……等等。完成出發前的準備後，就在原地待命，確保能在部隊預計出發的時間前完成所有準備工作，從容地離開待命地點，並沿著行軍路線按隊形排列出發。

行軍中，操縱手會打開艙口，從車體中伸出頭來駕駛戰車。這是因為比起透過潛望鏡或觀察窗，這樣的觀察方式視野要寬廣得多，可以提高行駛的安全性。即使像德軍這樣裝備了無線電設備的戰車部隊，行軍中也會保持無線電靜默，以防止敵方攔截。因此，戰車的車長也會像法軍的坦克車長那樣，通過手旗或手勢與前面的戰車車長保持聯繫。如果前面的車長發出「停止」的信號，他就會立即將相同的信號傳遞給後面的戰車。

車間距離會根據行軍速度進行調整以防止追尾事故，根據蘇聯的早期教範，同一小隊的戰車其間距為10～30米，小隊最後一輛戰車與下一小隊的領頭戰車之間的間隔為50～100米。為了防止敵方偵察機發現遺留下來的履帶痕跡，最後一輛戰車的後部有時會裝上用於清掃的樹枝。

沒有制空權的一方，為了避免遭受敵方飛機的攻擊，其戰車部隊會被迫於夜間進行行軍活動。試圖在天亮前進入森林中進行對空偽裝的相應措施，如：覆蓋草木或偽裝網，以避開敵機的偵察和地面攻擊。由於夜間的視野較窄，行軍速度必然會比白天慢，但如果強行於白天行軍的話，那就可能遭受空襲導致重大損傷，所以這是難以避免的不得已選擇。

除非特別必要，戰車部隊通常會像步兵一樣沿著道路行軍。在平坦的道路上行進可以減少車身的震動，從而降低乘員的疲勞度，也會大幅降低底盤負擔，減少故障的發生。戰車是種精密的武器，為了避免機械系統出現故障和操縱手過度疲勞，大約每3～4小時會休息一次。

機械負荷較大的戰車，像是德軍的重型戰車虎式I型，更需要頻繁的短暫休息。最初的5公里行軍後會進行檢修休息，之後每行駛10～15公里就會進行一次檢修休息，對引擎和相關的運轉部件進行檢查。

長時間連續行軍會導致機械故障頻傳，增加脫隊車輛的數量，從而導致戰鬥力下降。即便是順利走完全程，相關的運轉零件也會產生磨損，需要花時間進行維修或更換。因此，超過50公里的長距離移動最好避免自行行駛，應改用專用的坦克運輸車（Tank Transporter）或鐵路進行運輸。

當坦克發生故障時，為了不妨礙後車繼續前進，應該要靠邊停在路肩上，如果可能的話，隱藏在樹蔭下並用樹枝等進行偽裝。等待後方的維修部隊到來，修理完畢後再加入隊伍的尾部繼續行軍，在下一次短暫休息時回到原來的位置。如果前線的維修部隊無法處理，則需要用坦克回收車拖回後方的車輛保修廠進行大修。

撤退時，如果缺乏拖引車輛，為了防止故障車落入敵軍手裡，也會進行爆破處理。德軍的虎II坦克比虎I更強大，但重達70噸，這讓回收作業變得非常困難。在配備虎II坦克的獨立重型坦克大隊中，有些單位在撤退時自行摧毀的數量甚至比被敵人摧毀的還要多。當然，在這些情況中，也有不少是因為燃料耗盡而被迫放棄和摧毀的。

順帶一提，體積較大的虎式坦克在進行鐵路運輸時需要換成專用的窄履帶，但由於重量大，想要開上貨車也非常困難，這些馳騁在戰場上、發揮無比強大力量的重型坦克，在抵達戰場前無疑是非常麻煩的存在。一般來說，戰場中的重型坦克不僅「戰術」機動力低下，就連抵達戰場的「戰略」機動力也非常低，這讓重型坦克很難成為坦克部隊中的要角。

戰鬥時各乘員的任務

接下來，讓我們來看看戰鬥時各乘員所扮演的角色。

車長在戰鬥時也會打開艙蓋，伸出頭來，親自觀察周圍地形，並給操縱手關於移動上的指示。如果因為敵方砲火等原因而不得不關閉艙蓋時，車長會使用專用的潛望鏡或觀察窗盡快發現攻擊目

1944年12月參與了「萊茵河防線」作戰（巴爾基戰役），但由於燃料耗盡而被遺棄，被盟軍繳獲的虎II式重型坦克。像虎式這樣的重型坦克在戰場上的戰鬥力非常強大，但由於其巨大的重量和尺寸，使用起來非常不方便。

標，並向砲手傳達方位和距離，以及向裝填手下達該裝填何種彈藥的命令。

操縱手根據車長的指揮移動戰車。再次查看虎Ｉ型戰車的乘員手冊，可以發現手冊強調了面對敵方戰車時我方戰車進行斜向擺放的重要性。當敵方砲彈斜向擊中我方戰車的裝甲時，砲彈必須穿透更長的距離，而且，如果砲彈是以較淺的角度命中裝甲，也可能會滑過表面而不是穿透裝甲。

蘇聯的T－34中型戰車和德國的V號豹式戰車，在最初設計時就大幅運用傾斜的裝甲以利用這種效果，但因為虎Ｉ型戰車的各部位裝甲都是垂直的，所以需要通過斜向擺放戰車來獲得傾斜裝甲的效果。

手冊中還提到，如果同時被兩輛戰車攻擊時，要對其中一輛進行斜向擺放，對另一輛則以障礙物進行掩護。戰場上最常見的障礙物就是周圍的地形。操縱手會利用附近的草叢、灌木叢、小丘等來隱藏戰車。凹地或低地也是好地方，但由於地面可能過於鬆軟，要小心不要陷入。

避彈技巧

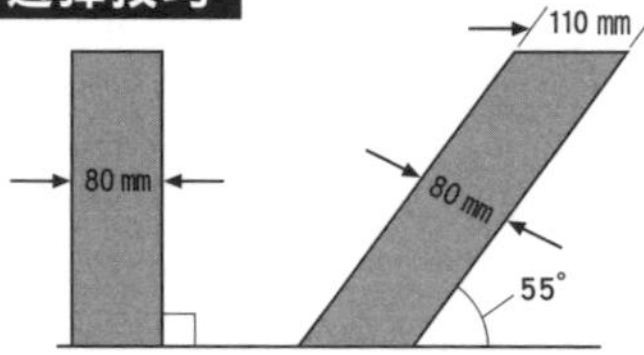

可通過傾斜裝甲板來增加實質厚度，這個概念源自築城經驗。德軍V號坦克，車體前方的裝甲厚度為80mm，但由於傾斜角度為55°，因此具有相當於110mm的防護效果。

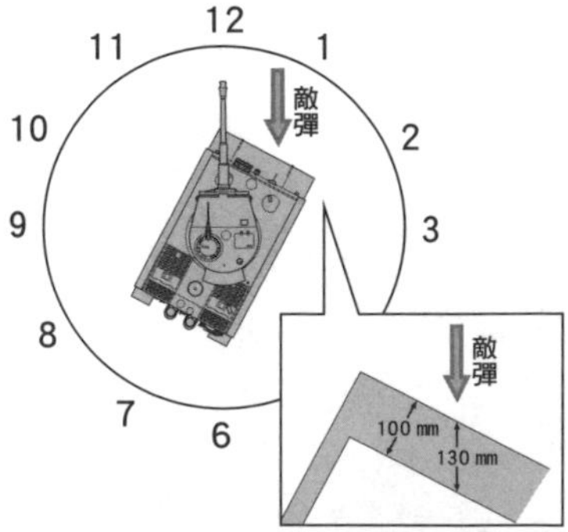

即使是由垂直面構成的虎式戰車，也可以施行避彈技巧──通過傾斜車身以應對敵人炮彈。根據敵人位置是1～2點、4～5點、7～8點、10～11點的方向來轉動車身方向，也被稱為「在用餐時轉動車身」。

利用地形的最典型例子是「稜線射擊」。在稜線射擊中，將戰車配置在丘陵或稜線上，在敵人看不見的*Hull down位置，只暴露出砲塔，這樣就能大幅降低敵方戰車的攻擊。如果自然稜線無法利用，有時也會製造出人造稜線，也就是挖掘戰車壕溝來隱藏戰車。

砲手根據車長的指示旋轉砲塔，將主炮對準目標。一般來說，砲手用的瞄準鏡倍率高但視野狹窄，不適合尋找目標。發現目標通常是車長的工作，因為他的視野相對較寬。對準目標後，會根據目標的距離提供主炮一定的仰角。如果目標是敵方的戰車，則會瞄準砲塔與車體的接合處或是艙口等防禦力較薄弱的地方。如果是移動中的目標，則會根據速度進行預判，將瞄準點設在未來位置稍前的地方。如果第一發未命中，就立即進行修正，瞄準後發射下一發砲彈。

在沒有配置高性能炮穩定裝置（穩定器）的坦克

左側是由垂直裝甲構成的虎I式戰車，右側是各個部位採用傾斜裝甲的豹式戰車。

＊在英文中，不會稱呼坦克的車體為「body」，而是稱「hull」（船體），稱砲塔為「turret」。英國海軍大臣溫斯頓·邱吉爾推動了世界上第一輛坦克的開發。由於當初稱坦克為「land ship」，因此，軍艦上的許多相關術語都能在坦克中看到。

上，若想在行駛中進行射擊，會因為車體的振動等因素而讓命中率大幅下降。因此，德軍基本上都是採用靜止射擊的方式。日軍則特別重視在行進中捕捉目標，並在靜止時開火，隨後立即恢復行駛的「躍進射」訓練。此外，在行進射擊（或稱行進間射擊）中，技術嫻熟的砲手能隨著車體的晃動，上下調整帶有肩托的炮架以提高命中率。

大戰初期，英軍在反坦克戰中大多使用行進間射擊，當時的英國坦克與日本坦克一樣，都是採用砲手肩托炮架來進行主炮的俯仰操作。另外，蘇軍認為攻擊時坦克的速度至關重要，因此也廣

選定射擊位置 —坦克與步兵一樣都是近接戰的武器。利用地形進行射擊—

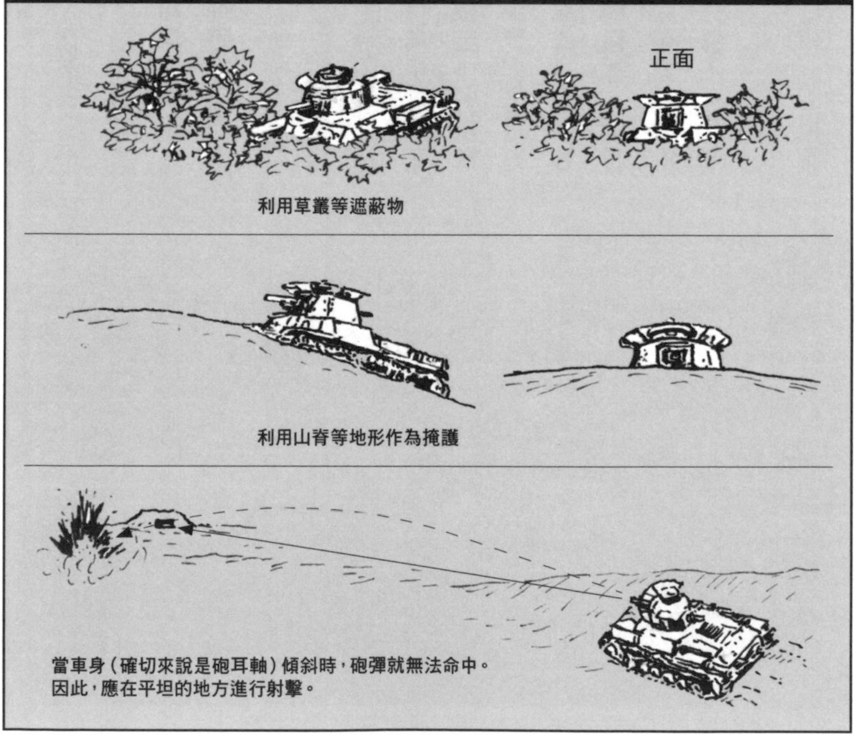

利用草叢等遮蔽物
利用山脊等地形作為掩護
當車身（確切來說是砲耳軸）傾斜時，砲彈就無法命中。
因此，應在平坦的地方進行射擊。

泛使用行進間射擊。

裝填手則根據車長的指令，從彈庫中取出彈藥填入主炮。如果目標是裝甲車，則使用能夠穿透裝甲並在車內彈跳造成傷害的穿甲彈；如果是非裝甲目標如步兵或反坦克炮，則使用能在著彈時爆炸，並向周圍擴散爆風和彈片的榴彈。要是裝填手裝錯彈藥的話，可能會導致將榴彈打在厚重裝甲上或是用穿甲彈在步兵旁邊挖洞，而浪費有限的彈藥。

針對裝甲目標所使用的彈藥除了純金屬製的穿甲彈外，還有穿透裝甲後在車內爆炸的穿甲榴彈；為了防止砲彈在傾斜裝甲上滑落，而裝上軟鐵帽或高硬度帽子（避免因碰到經硬化處理的裝甲，而出現滑彈）的被帽穿甲彈（APC）；內部含有鎢等硬而重金屬彈芯的硬芯穿甲彈（APCR）；發射後，裝藥筒脫落，只有空氣阻力較小的彈芯朝目標飛去的脫殼穿甲彈（APDS）；以及命中目標，炸藥爆炸形成高速的金屬流以穿透裝甲的高爆反坦克彈（HEAT）。對非裝甲目標所使用的彈藥有在空中爆炸的榴霰彈，以及像散彈槍那樣散射大量子彈的散彈等。

配置在戰車上的彈藥通常是穿甲彈和榴彈各半，還有少量特殊彈如煙霧彈、高爆反坦克彈或是脫殼穿甲彈等。大戰期間，許多戰車都會在車體前部設有輕機槍座。德軍戰車中，大多由無線電手兼任輕機槍手，而美軍戰車則由副駕駛兼任輕機槍手。有些戰車如英國的巡航戰車Mk.Ⅵ Crusader Mk.Ⅰ就配備了獨立的輕機槍塔，或是像步兵戰車Mk.Ⅳ Churchill Mk.Ⅰ那樣，在車體前部裝備榴彈砲。

輕機槍的主要作用是壓制步兵。視野狹隘的戰車對於從死角接近的步兵全無招架之力。因此，為了防止步兵接近，會在車體（尤其是大戰初期的戰車）各處設置許多銃孔。由於銃孔成了耐彈面上的弱點，後來就趨向於不再設置了。到了大戰末期的蘇聯IS－3重型戰車和英國巡航戰車（A41）Centurion，都沒有配備車體前部的輕機槍座。

為了壓制步兵還會使用到與主砲同軸的輕機槍，其瞄準工作也是交給砲手。由於同軸輕機槍是安裝在穩定的射擊平台上，且可以使用主砲的精密瞄準鏡，因此命中精度可與安裝在三腳架上的步兵用重輕機槍相媲美。由於砲塔能夠旋轉，射擊範圍也很廣，所以現代許多戰車仍然裝備有同軸輕機槍。日軍的九七式中型戰車和九五式輕型戰車在砲塔的後側裝有輕機槍座，當需要對前方的步兵進行射擊時，會旋轉砲塔使輕機槍座朝向前方並前進。

戰車上的乘員角色大致如上所述。

普通的戰車兵通常會擔任裝填手的工作，這是一項以體力為主的工作，只要記住幾種砲彈類型，基本上就能勝任了。在行軍中的短暫休息時間中，操縱手也要忙於檢查和修理，因此，他們（在德軍中）通常會豁免準備食物等雜務。這些雜務通常會交給無線手。砲手有時候還身兼副車長，如果車長受傷的話還得臨時代替車長的職責。年輕的士官通常作為砲手積累經驗，最終有機會晉升為車長，而車長則由資深的下士擔任，相當於步兵中的班長，車長的指揮能力對戰車的戰鬥力有著顯著的影響。

然而，無論乘員多麼優秀都無法超越戰車自身的物理性限制，例如：即使砲手再怎麼努力，也無法讓只有50㎜穿透力的砲彈穿透60㎜的裝甲。但如果沒有優秀的乘員，即使是最強大的戰車

單車機動 —為了迅速佔據有利的射擊位置，正確的機動至關重要—

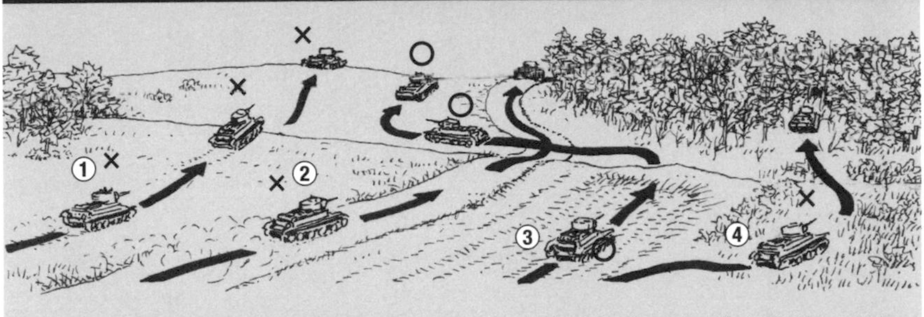

①從開闊的地方奔馳，不經意地越過山脊，停在顯眼的山脊上。這是錯誤的。②在塵土飛揚的道路上奔馳，停在容易成為目標的樹林處。這是錯誤的。④在不引人注目的低地奔馳，但不進入森林，這會削弱坦克的機動能力。這也是錯誤的。正確的機動是③。沒有揚塵，也不引人注目地奔馳；在不引人注目的田野上，沿著前方山丘的陰影前進，停車時利用凹陷等的地形。

也無法發揮其全部性能。如何在戰車性能的限制範圍內盡可能地發揮其能力，是每個戰車兵所面臨的挑戰。

戰車小隊的攻擊

那麼，我們將話題從單一戰車提升到小隊層面。戰車基本上是作為一個集體來進行行動的，而這個團體的最小單位就是小隊。在第二次世界大戰期間，各主要國家的戰車小隊通常都由3～5輛戰車組成。德軍以5輛戰車為一個小隊，但也有3或4輛編制的情形。美軍是5輛，英軍是3輛，日軍是3輛，而蘇軍最初是5輛後來改為3輛。

小隊長通常由少尉或中尉等尉級軍官擔任，而其他戰車的資深士官則擔任協助小隊長的角色。如果小隊長的戰車被摧毀，無法再繼續指揮小隊，那麼資深士官就會作為代理小隊長接管指揮權。

在攻擊時，小隊的前進陣形有多種變化，包括一字型縱隊（英語為Column，德語稱Reihe）、一字型橫隊（英語為Line，德語為Linie）、楔形隊形（英語為Wedge，德語為Keil或Kette），這些陣形會根據不同的情況進行適當地調整。

一字型縱隊能對側面發揮強大的火力，但對前後方的火力發揮有限。相反的，一字型橫隊則可以對前後方向進行全面的火力展現，但對側面的火力發揮則有所欠缺。楔形隊形是一種平衡的隊形，能對正面及側面發揮一定的火力。一字型縱隊適用於森林中的單行道、無法擴展隊形時，或是在煙霧中、夜間等視線不佳的情況下使用。

通常小隊長的戰車會先行通過，但如果其他戰車已經提前進行偵查，也可能會讓這些戰車領頭。一字型橫隊則用於越過山脊、從煙幕中突出以及衝鋒時。如果是一輛接著一輛越過山脊，就會暴露每輛戰車的脆弱底部，容易被逐一擊中。因此，正確的作法是讓小隊的所有戰車同時越過山脊。楔形隊形通常用於預期會與敵方進行交戰的情況。如果小隊的戰車數量是奇數時，小隊長的戰車會位於最前方；如果是偶數，則位於左右前方的其中一側。德軍中的小隊長戰車通常位於左側。

然而，在實戰中很少能嚴格維持這些隊形，而是會根據戰場地形進行靈活變化。例如，以楔形隊形前進，當遇到小丘時，為了保持隊形而讓部分戰車無防備地登上小丘是不可取的，因為那只會讓單獨行動的戰車成為敵人的攻擊目標。這時，即使暫時打亂隊形，也要選擇繞過小丘的路徑來前進。

根據情況，有時也會分割小隊來分批前進。例如，傾向於靜止射擊的德軍會在前進時會將小隊分成兩輛一組，交替前進。在四輛組成的小隊中，當兩輛戰車前進時，剩下的兩輛則會靜止，以掩護前進中的戰車。就像是步兵班中的射擊班和突擊班互相掩護一樣。戰術的基本原，不管是用在戰車還是步兵上，都是「火力與移動」。

分批前進時有兩種方法：超越前進的小隊繼續前進的「交替躍進」；和追上前進的小隊後停下來的「逐次躍進」。一般來說，當前方情況相對明朗且需要快速前進時會選擇交替躍進，但當前方情況不明，需要謹慎前進時則會選擇逐次躍進。

無論採取的是哪種方法，每次前進的距離都應該控制在主砲有效射程的一半左右。如果超過有效射程，就會失去靜止友軍的射擊掩護，這樣一來，如果受到攻擊，靜止中的友軍戰車就無法立即開火來壓制敵人，這麼一來就失去分割小隊的意義了。

如果在前進過程中遭遇敵方戰車時，可能會先讓部分的戰車與敵軍進行交戰，同時將主力部隊繞到敵人側面。由於戰車的側面和後面的裝甲比較薄，如果能成功繞到側面或是後方，即使距離稍遠也能相對容易地擊毀敵方戰車。

實際上，想要擊毀有著厚重裝甲的德軍虎I戰車，除非盟軍的M4中型戰車處於非常近的位置，不然就得繞到側面或後面；而日軍的九七式中型戰車想要擊毀M4中型戰車的話，同樣也需要靠近到極近的距離，或是繞到側面或後面再發動攻擊。性能較差的戰車只能通過戰術來彌補自身的不足。

然而，如同開頭所描述的法國早期戰車，戰車之間缺少有效溝通，那就很難執行像是分割小

躍進 —坦克小隊的火力與移動—

●交替躍進

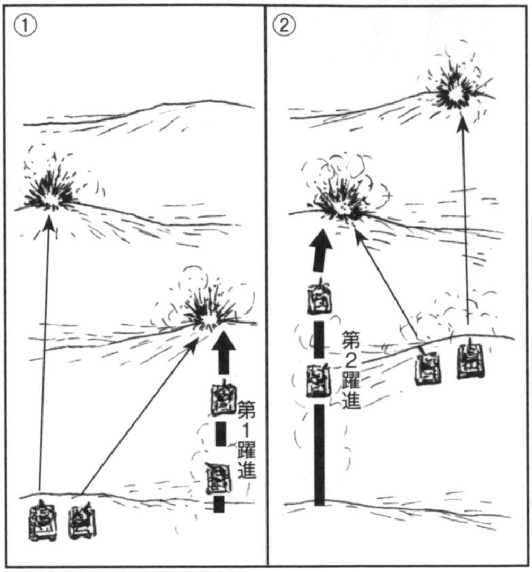

●逐次躍進

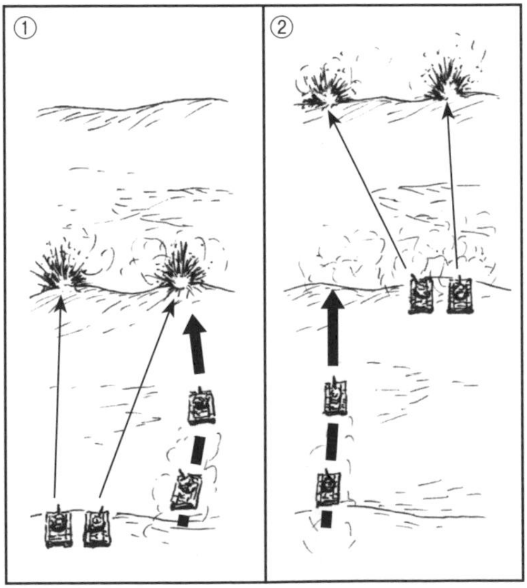

從接觸敵人開始變得緊迫時，坦克部隊會保持互相支援的狀態，進行間歇性的衝刺（躍進）。一旦接觸到敵人，就進行火力支援並進行躍進。如文中所述，當前方情況已經明朗，需要快速前進時，通常會使用「交替躍進」；而當情況不明，有可能突然遭受攻擊時，則使用「逐次躍進」。總的來說，這取決於是重視火力的移動，還是重視移動的火力。

隊、交替前進等精細的戰術。特別是在德蘇戰爭初期，蘇聯的戰車部隊因為無線電設備不足和缺乏訓練有素的軍官，很少進行小隊級別的戰術行動，而是進行中隊級別的戰術行動（中隊的編制比德軍小，大多是17輛或10輛，有些甚至只有7輛）。

同樣，在大戰末期的德軍戰車部隊中，由於戰車兵大量損耗在東部戰線上，以及為了補充損失而縮短訓練期限等因素，乘員的水準和下級指揮官的指揮能力都在不斷地下降，這成了無法保持大戰初期戰術優勢的原因之一。相比之下的日軍，直到大戰後期幾乎沒有發生過大量消耗戰車兵的戰鬥，因此，即使是戰爭後期的硫磺島和占守島之戰，也還可以感受到日軍戰車兵的訓練水準。

戰車小隊的防禦

在防禦時，應該盡量利用灌木叢、城鎮外圍的房屋，最好是利用山脊或戰車壕等有利地形進行部署。如果能充分利用地形，就可以在敵人來襲時從有利的車體隱蔽姿態發動射擊。把戰車部署到陣地後，要進行細緻的偽裝，以免被敵人發現。偽裝時，要注意不要過度遮蔽以免妨礙向外觀察的視線或是武器操作。在主陣地的後方應該準備好預備陣地，並確保移動至預備陣地的路徑不會為被敵人發現。一個小隊的防禦陣地寬度約為200～400米。

小隊長應事先測量好陣地到預定射擊點的距離和方位，製作成射擊圖，以便能迅速進行精確的炮擊。最後再檢查自己的小隊是否已經做好戰鬥準備。

遭到敵人攻擊時，小隊長應立即向直屬上級，也就是中隊長報告敵人的兵力和裝備情況；並監控好整個防禦陣地，為小隊的每輛戰車分配目標，避免不必要的火力重疊；將火力集中在必要的射擊上。通常情況下，小隊會等到敵方的戰車進入有效射程後才會開始射擊。

如果在當前位置繼續戰鬥會變得困難的話，就需要撤退到後方的預備陣地。如果我方是部署在稜線上，當敵人的戰車越過山脊時就會暴露出脆弱的底部，下山時又會暴露裝甲較為薄弱的頂部，這時就可以再次進行射擊。如果敵方戰車是一輛接一輛越過山脊的話，小隊就可以通過集中射擊逐一將其擊毀。利用這種地形上的優勢，攻擊方的戰車部隊通常會比防守方承受更大的損失。

如果敵方戰車開始撤退的話，我方可能會選擇離開陣地進行追擊。但是要避免深入追趕，最好保持在主砲的射程範圍內。

一個戰車小隊能否作為一個整體發揮出戰鬥力，取決於小隊長的指揮能力。如果小隊的砲火常常在特定的敵方戰車上出現不必要的重疊，卻讓其他未受攻擊的敵方戰車接近，那就不能說

英國的火神輕戰車在戰車壕中埋伏，採取隱蔽姿態等待敵人。

是作為一個整體發揮出戰鬥力了。最大限度地發揮小隊作為一個整體的戰鬥力，是戰車小隊長的重要任務。

戰車小隊的防禦

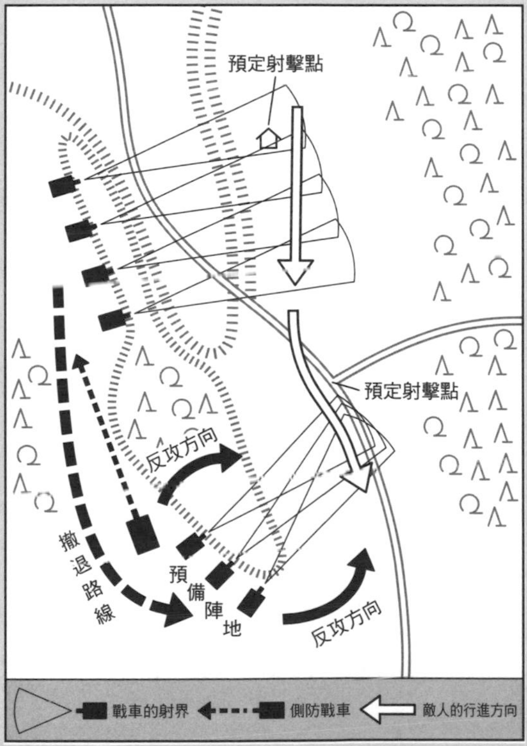

作為機動性強的武器，坦克的防禦關鍵就是不要固守在同一個位置上，應該在情勢不利時進行機動，移動到有利的位置。

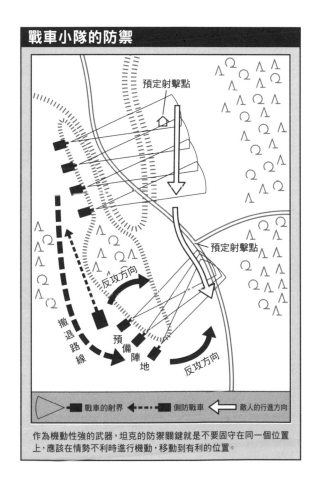

第2章 戰車中隊～聯隊

編制與運用思想

一般來說，各國戰車部隊的編制反映了該國的運用思想，配備給各部隊的戰車都賦予了實現這些思想的功能。

例如，當戰車學校提出新的運用思想或奠基於此的戰術時，會讓學校的教官進行地圖上的模擬或是教導部隊進行實地演習等。如果最終新戰術被認為是正確、有效的，則會對教範進行修訂，各部隊也會根據需要進行改編以實施這些戰術。

對於戰車而言，作戰單位會根據新的運用思想提出新的要求，即運用要求，並以此來開發滿足這些要求的新型戰車。這些要求自然是戰車部隊內部，根據每種戰車的角色——也就是整

在T-26輕型坦克前，蘇聯的坦克兵邊看地圖，邊進行會議。

體戰車部隊的運用思想下（在現實中，由於預算限制、生產力不足等因素，並非所有戰車部隊都能實現理想的編制，各戰車也未必能具備所需的全部功能……）來確定的。

第二次世界大戰中，各國戰車部隊的運用思想大相逕庭，中隊以上的編制也有很大的差異。此外，大戰期間，有些國家的運用思想和編制也發生了巨大的變化。因此，像單車或小隊級別的戰術很難有共通性的原則，還需要加上各國的用兵特色。

因此，在這一章節中，我們將分析各主要國家的戰車中隊、戰車大隊或戰車聯隊的編制及其背後的運用思想，並挑選典型的戰術進行介紹。

戰車大隊其編制和戰術——德軍

首先從德軍開始。

根據戰前的構想，每個戰車大隊由4個中隊組成，第1～3中隊以Ⅲ號戰車為主力，第4中隊則作為「重中隊」，配備Ⅳ號戰車。

初期Ⅲ號戰車所裝備的3.7㎝坦克砲是基於反坦克砲開發出來的，口徑小、裝填容易且射速快，初速（砲彈發射時的速度）高、彈道曲度低，非常適合反坦克作戰；但榴彈的破壞力小，對步兵或反坦克砲的壓制能力有限。初期Ⅳ號戰車所裝備的7.5㎝坦克砲，砲身短、初速慢，對移動目標的命中率低；但大口徑的榴彈威力大。結合兩種戰車進行攻擊時，就會像步兵砲中隊以制壓射擊來支援步兵中隊前進的戰術一樣。

具體來說，就是先由重中隊的Ⅳ號戰車從相對後方的位置對敵方的反坦克砲或持有反坦克步槍的步兵進行炮擊。接著，第1～3中隊的Ⅲ號戰車前進，在進行突破敵陣地的同時，用同軸機槍或前方機槍掃射步兵部隊，這時如果有敵方戰車或裝甲車衝出來的話，則利用坦克砲將其擊破（Ⅲ號戰車初期型裝備了2挺同軸機槍和1挺前方機槍）。對速度快但裝甲薄弱的德國戰車來說，反坦克砲和步兵手中的反坦克步槍都是一大威脅，因此需要75㎜榴彈砲的火力來壓制這些威脅。

然而，在大戰爆發時，德軍的戰車數量嚴重不足，以至於每個戰車大隊的第3中隊僅有人員配置，並無戰車。此外，原本應該作為主力的Ⅲ號和Ⅳ號戰車特別短缺，有時一個大隊只有幾

◆Ⅲ號戰車F型

武裝:46.5口徑3.7cm砲×1、7.92㎜機槍×2、最大裝甲厚:30㎜、最高速度:40km/h、重量:19t

德軍戰車大隊（1939年）

●第1戰車聯隊第1大隊的實際編制

本部	指揮戰車×3、Ⅰ號戰車×2、Ⅱ號戰車×3
第1中隊	指揮戰車×1、Ⅰ號戰車×2、Ⅲ號戰車×3、Ⅳ號戰車×6
第2中隊	指揮戰車×1、Ⅰ號戰車×7、Ⅱ號戰車×11、Ⅲ號戰車×5
第3中隊	與第2中隊一樣
第4中隊	Ⅱ號戰車×5、Ⅳ號戰車×14

●根據戰力指標的理論來編制

本部	指揮戰車×2、Ⅱ號戰車×7、Ⅲ號戰車×4
第1中隊(輕)	Ⅱ號戰車×5、Ⅲ號戰車×17
第2中隊(輕)	與第1中隊一樣
第3中隊(輕)	與第1中隊一樣
第4中隊(中)※	Ⅱ號戰車×5、Ⅳ號戰車×12

※實際上是（重）中隊，但在軍方官方文件中記載為（中）中隊。記載

輛，甚至連一輛也沒有配給。因此，各大隊的編制無法統一，所裝備的戰車也因大隊而異。

當時的主力戰車部隊是裝備了機槍的I號戰車和2㎝機關炮的II號戰車，雖然具備對付步兵的掃射能力，但在反坦克能力上則嚴重不足。因此，也將併吞捷克時所繳獲的配備了3.7㎝坦克砲的LT vz35（德軍名稱35(t)戰車）編成主力大隊。在反坦克作戰中，採取了以III號或35(t)戰車為先鋒的戰術。

在反坦克作戰中，主要使用楔形隊形。戰鬥開始後，反坦克能力高的III號或35(t)戰車（中型戰車）的所屬戰車中隊會向前推進，反坦克能力低的I號或II號戰車（輕型戰車）的戰車中隊則會退到後方。裝備IV號戰車的重中隊則從中型戰車中隊後方提供支援射擊。有時還會將重中隊分割成小隊規模，分配給各個戰車中隊以提供支援。

◆35 (t) 戰車（照片是捷克斯洛伐克的LTvz.35）
武裝：40口徑3.7㎝砲×1、7.92㎜機槍×2、
最大裝甲厚：25㎜、最高速度：34km/h、重量：10.5t

◆IV號戰車D型（照片是C型）
武裝：24口徑7.5㎝砲×1、7.92㎜機槍×2、
最大裝甲厚：35㎜、最高速度：40km/h、重量：20t

波蘭戰後，Ⅲ號戰車開始裝備5cm坦克砲，並進一步加長砲身以提升反坦克能力。隨著改良的不斷進行，性能的提升也漸漸到達了極限。因此，Ⅳ號戰車開始裝備長砲身的7.5cm坦克砲，以此獲得更高的反坦克能力。

搭載大口徑、長砲管的戰車，讓原本分屬2種戰車類型的特性——高裝甲穿透力和強大的榴彈威力，被同時滿足了。裝備著7.5cm坦克砲的Ⅳ號戰車，開始配給所有的戰車中隊，傳統的重中隊也隨之消失了。

這個裝備上的重大改變讓戰車大隊的戰術由將特定中隊保持在後方或前方的做法，改為所有中隊在相互掩護的情況下，無區別地快速前進。以往重中隊的角色改由所有戰車中隊來承擔。這大大提升了戰術的靈活度。

◆Ⅳ號戰車H型（長砲管型）
武裝：48口徑7.5cm砲×1、7.92mm機槍×2、
最大裝甲厚：80mm、最高速度：40km/h、重量:25t

◆虎Ⅰ式
武裝：56口徑8.8cm砲×1、7.92mm機槍×2、
最大裝甲厚：110mm、最高速度：40km/h、重量:57t

到了大戰中期，根據每個裝甲師配備20輛具有厚重裝甲和強大火力的重型戰車的構想，開發出裝備了威力強大的8.8㎝坦克砲的虎I型戰車。大戰後期更開發出超重型且火力強大的虎II型戰車。

但複雜且耗時的生產讓虎I與虎II型戰車未能達到應有的生產量，大多集中運用在直屬的獨立重型戰車大隊，在裝甲師中僅有少數精銳部隊才有配備。即便如此，在重要的攻擊行動中，仍然投入了配備重型戰車大隊或中隊的精銳裝甲師，並取得了相當好的成果。例如，在突破蘇軍的戰防砲陣(Pakfront)的作戰中，戰略上的構想是由裝備虎式戰車的重中隊帶頭，IV號等的中

III號坦克和IV號坦克混成大隊的進攻戰術

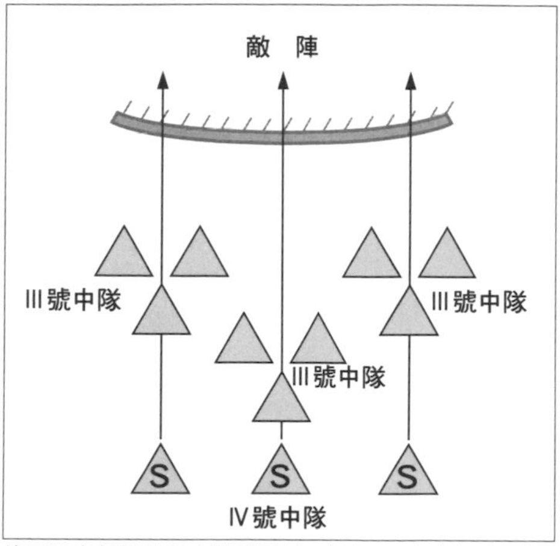

德國坦克部隊的基本隊形是倒V字形，IV號戰車中隊會以橫列方式位於後方，進行支援射擊。
※ 三角形代表小隊，S代表重中隊

裝甲楔形陣

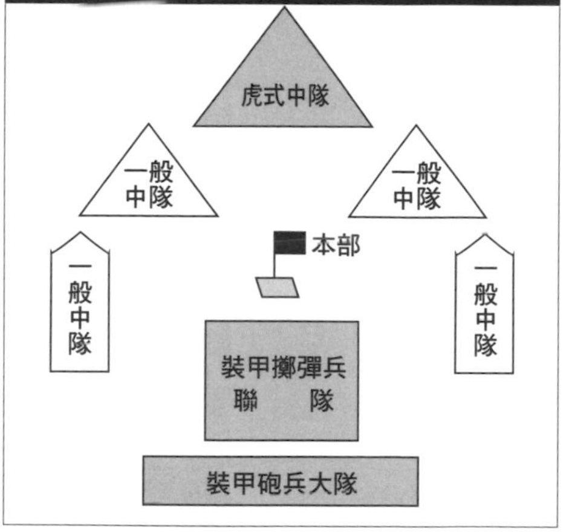

一種特殊的突破陣型。將有著厚重裝甲的虎式坦克中隊配置在最前方，裝甲投擲兵（機械化步兵）放在中央。

型戰車中隊緊跟其後的裝甲楔形陣（Panzerkeil）。具有高防禦力的重型戰車在前方壓制敵軍的反坦克陣地，而機動性高的中型戰車則快速進入敵方陣地來擴大戰果。

總結來說，德軍最初的發展是以反坦克作戰的戰車和壓制反坦克砲的支援用戰車兩種類型為主，後來逐漸演變成只有一種主力戰車，和支援用的重型戰車。隨之而來的變化是戰車大隊的戰術從最初的重中隊支援其他中隊，轉變為中隊之間相互掩護，並在重要的進攻作戰中以重型戰車中隊為先鋒。

戰車大隊其編制和戰術——日軍

接下來讓我們來看看日軍的戰車部隊。

第二次世界大戰參戰時，日軍在戰車聯隊下設有中隊，而非大隊。戰車聯隊通常是由4個中隊組成，主力是九七式中戰車或八九式中戰車，但第1中隊配備了機動性高的九五式輕戰車，也有整個聯隊都裝備九五式輕戰車的情況。

八九式中戰車和九七式中戰車主要是為了壓制敵方的機槍陣地和碉堡而開發的，裝備的是短砲管57㎜坦克砲，初速低，幾乎沒有反坦克能力。當時的日本戰車其設計理念是為了支援步兵，即步兵戰車。可以將其視為賦予了一定機動力和裝甲的步兵砲和重機槍。

當時日軍的教範規定：「各兵種的協同應以達成步兵目的為主要考量。」也就是說，除了步兵外的所有部隊都是為了支援步兵而存在的。實際上，戰車聯隊常被分割成中隊單位以進行步兵支援。值得一提的是，在德軍中，並沒有考慮到要對裝甲師團所屬的戰車大隊進行分割，以支援步兵，而是將專用的突擊砲配給步兵來使用。

教範規定，在進行步兵支援時，步兵聯隊長應盡量避免將戰車部隊分割成小於中隊的單位，盡可能以中隊單位投入。接受戰車中隊增援的第一線步兵大隊長會在戰前與戰車中隊長進行詳細的作戰討論，明確攻擊目標和參戰時機等。戰車中隊會被分為兩部分以保持突擊力。第一線的戰車在突擊時刻超越步兵，吸收向步兵發起的敵火力，並以射擊壓制敵方的機槍攻擊。然後轉入陣地戰鬥，壓制敵方的火點。接下來，第二線的戰車會超越第一線，深入敵人陣地進行攻擊。

◆九五式輕戰車
武裝：37口徑37mm砲×1、7.7mm機槍×2、
最大裝甲厚:12mm、最高速度：40km/h、重量：7.4t

◆九七式中戰車
武裝：18.4口徑57mm砲×1、7.7mm機槍×2、
最大裝甲厚：25mm、最高速度：38km/h、重量：15t

日軍在第二次世界大戰爆發時，計劃在每個戰車中隊的第四小隊裝備75㎜級的榴彈砲「砲戰車」，執行壓制反坦克砲等的任務。後來開發了裝備高初速47㎜坦克砲的九七式中戰車，即所謂「新砲塔チハ」，以及改良過的75㎜野砲的一式砲戰車，和裝備短砲管75㎜坦克砲的二式砲戰車。到了大戰後期，將各戰車聯隊的第5中隊定為「砲戰車中隊」，並制定了裝備小口徑反坦克砲的戰車和大口徑榴彈砲的戰車兩種配置的坦克運用思維。可以說，日軍是在這時期才趕上大戰初期德軍的運用構想。

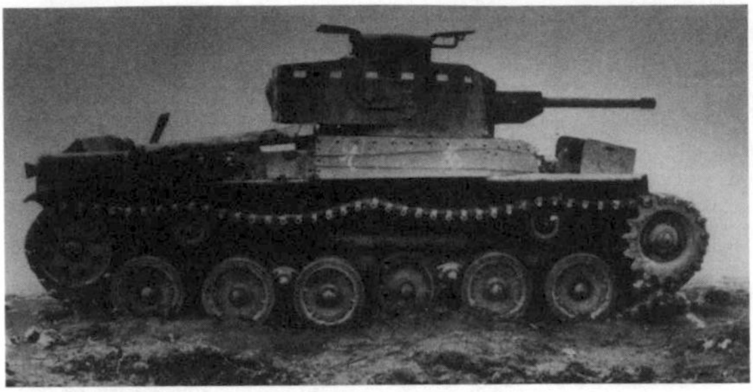

◆九七式中戰車改（新砲塔）
武裝：48口徑47㎜砲×1、7.7㎜機槍×2、
最大裝甲厚：25㎜、最高速度：38km/h、重量：15.8t

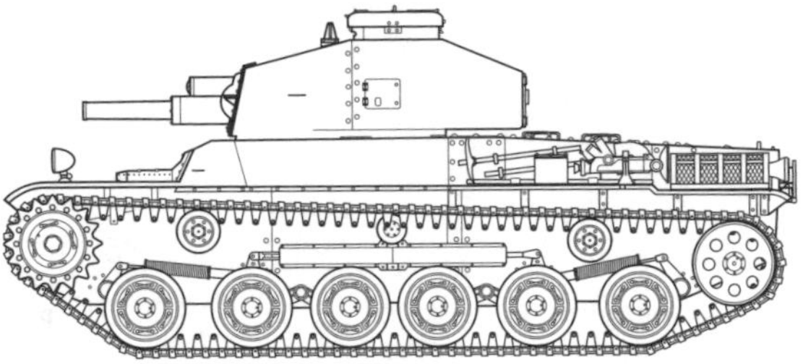

◆二式砲戰車
武裝：21口徑75㎜砲×1、7.7㎜機槍×1、
最大裝甲厚：50㎜、最高速度：44km/h、重量：16.7t

日本戰車聯隊（1941年）

本部	九七式中戰車×1、九五式輕戰車×2
第1中隊（輕戰車）	九五式輕戰車×13
第2中隊（中戰車）	九七式中戰車×10
第3中隊（中戰車）	與第2中隊相同
第4中隊（中戰車）	與第2中隊相同

日本戰車聯隊（1944年理論上的編制）

本部	九七式中戰車改×1 九五式輕戰車×2
第1中隊（輕戰車）	九五式輕戰車×13
第2中隊（中戰車）	九七式中戰車改×10
第3中隊（中戰車）	與第2中隊相同
第4中隊（中戰車）	與第2中隊相同
第5中隊（砲戰車）	二式砲戰車×10

大戰末期，日軍考慮將4～6名步兵或工兵搭配到一輛戰車上，以壓制攜帶反坦克武器的敵方步兵，同時配合戰車對敵戰車進行近距離攻擊的戰術。這種在戰車的支援下，以步兵進行反坦克攻擊的想法看似違背常理，但鑑於其低下的反坦克能力，讓步兵以刺突爆雷或青酸氣手榴彈來進行近身攻擊似乎更為有效，這也是情有可原的想法。

實際上，早在昭和18年（1943年）日軍就已經確定了這樣的構想——重視反坦克作戰，包括裝備75mm砲的中型戰車、105mm加農砲或105mm榴彈砲的砲戰車，以及裝備75mm砲或105mm砲以支援步兵的直協戰車。

日軍一般的步戰協同戰術

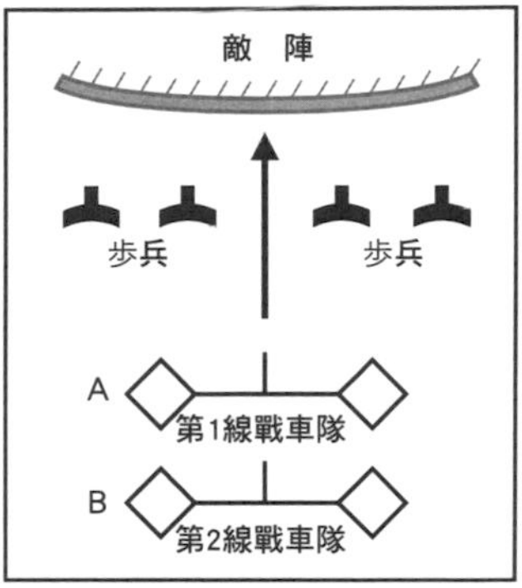

在步兵後方前進的坦克部隊，會在突擊發起時超越步兵部隊。

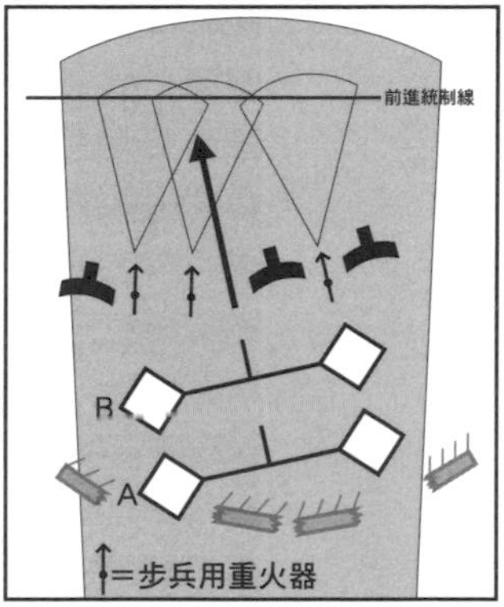

敵陣中的第二線戰車隊B會突入，超越第一線戰車隊A，並在陣地內帶領步兵進行攻擊。這時，戰車隊會在步兵重武器和砲兵的射程範圍內進行戰鬥。

然而，當時的量產軍備仍然是基於之前的方針而生產的，像是裝備47mm坦克砲的一式中戰車，和裝備75mm野砲的三式中戰車。直到戰爭結束，新構想下的戰車一直都未能生產。

總結來說，日軍的戰車從最初的步兵戰車轉變為德式的支援戰車（砲戰車）雙軌配置，但還是未能基於新構想來生產戰車。戰車戰術也試圖從單一的兵支援轉向重視反坦克作戰；但由於缺乏實現此目標的硬體設備，最終還是傾向於利用手頭上威力不足的戰車和步兵來進行近距離攻擊。

戰車大隊其編制和戰術──英軍

接下來，讓我們來看看最早將戰車投入實戰的英軍。第二次世界大戰爆發時，構成英國裝甲師團的裝甲旅下轄的裝甲聯隊有輕型和重型兩種，但在戰爭早期進行了改編，兩者的區分消失了。改編後的裝甲聯隊由聯隊本部及本部中隊和3個戰車中隊組成，主力為巡航戰車。此外，英軍還有直屬於軍團的坦克旅，主要用於支援步兵，轄下的戰車聯隊由3個中隊組成，以步兵戰車為主力。

作為主力的巡航戰車是為了突破敵軍防線和進行追擊而開發的，裝甲較薄但具有高機動性。而作為主力的步兵戰車則是以直接支援步兵而開發的，速度雖慢，但裝甲厚重。英軍的戰車部隊由突破追擊部隊和步兵直協部隊組成，其主力戰車分別是巡航戰車和步兵戰車。

◆步兵戰車Mk.Ⅱ馬提爾達Mk.Ⅱ
武裝：52口徑40mm砲×1、7.92mm機槍×1、
最大裝甲厚：78mm、最高速度：28km/h、重量：26.91t

然而，裝備在Mk.II馬提爾達（步兵戰車）或Mk.VI十字軍（巡航戰車）上的2磅（口徑40mm）砲都沒有配備榴彈，只有少量配置在中隊本部的CS（近接支援）型戰車才配備有榴彈。特別難以理解的是，即使是專門用於支援步兵的步兵戰車也沒有配發榴彈，在北非，曾與馬提爾達戰車有過交戰經驗的德軍羅姆美將軍也留下了：「馬提爾達被稱為步兵戰車，但為何沒有裝配攻擊步兵的榴彈？這真的非常有趣」的回憶。這樣一來，英軍裝甲聯隊所裝備的戰車幾乎就都是以對戰車作戰為主了。以德軍來說，就是少重中隊的戰車大隊，以日軍來說就是沒有砲戰車中隊的戰車聯隊。

而且，少了榴彈的英國戰車在面對體積小的德軍反坦克砲時，只能靠穿甲彈精

◆巡航戰車Mk.VI十字軍 Mk.II
武裝：52口徑40mm砲×1、7.92mm機槍×1～2、最大裝甲厚度：51mm、最高速度：64.4公里/小時、重量：19.3噸

◆巡航戰車Mk.VI十字軍 Mk.IICS
武裝：25口徑76.2mm砲×1（和十字軍 Mk. II 一樣）

準命中才能將其摧毀，這在壓制敵方砲火上遇到了困難。在北非，德軍的88㎜高射砲之所以展示出如傳奇般的強大攻擊力，不僅僅是因為在視野良好的沙漠中其長射程的火力得到十足的發揮，英國戰車缺少榴彈火力也起了很大的作用。

到了大戰中期，英軍開始配備了威力較大的75㎜砲的M3中型戰車（英國版）——格蘭特（Grant），以及同樣是美國生產的M4中型戰車謝爾曼（Sherman）。此外，英製的步兵戰車和巡航戰車也開發出能發射榴彈的75㎜砲，榴彈火力不足的問題終於得到了解決。

再回到戰車部隊的話題。主要負責步兵支援的戰車聯隊，通常會以一個步兵大隊配備一個戰車中隊、一個步兵中隊配備一個戰車小隊的方式和步兵進行合作；各戰車部隊多半接受步兵隊長的指揮，並從事直接支援步兵的任務。

大戰初期的步兵支援戰術是戰車中隊在步兵大隊前形成橫隊，如波浪般朝敵方陣地前進。如前面所述，未裝備榴彈的步兵戰車主要以同軸機槍來支援步兵；步兵戰車會停留在前線，直到步兵完成突擊、完全控制敵方陣地後，再由反坦克砲部隊接替，自己則撤退至後方進行維修和

◆巡航戰車格蘭特

武裝：28.5口徑75㎜砲×1、50口徑37㎜砲×1、7.62㎜機槍×4、最大裝甲厚度：51㎜、最高速度：38公里/小時、重量：28.1噸

補給。可以說，這是重裝甲保護下的自走機槍兼自走反坦克砲的運用方式。

到了大戰中期以後，當德國的步兵開始配備攜帶式反坦克武器如反戰車榴彈發射器（Panzerfaust）和反戰車火箭步槍（Panzerschreck）後，即使是在視野不佳的博卡基地區（bocage，一種由樹籬、灌木叢和小型田地交錯成的景觀，常出現在歐洲，特別是法國西部和英國南部），在發動進攻前，步兵還是會先行出動試圖消滅德國步兵中的反坦克小組。

到了大戰末期，裝備有75㎜砲的步兵戰車已能夠摧毀敵方火點及其支援步兵；在戰車支援下的步兵則負責保護步兵戰車不受反坦克小組的攻擊，這成為了一種「步戰協同」的戰術形式。

但在大戰後期英軍的戰車部隊面臨了一個棘手的問題。德軍的虎I和虎II等重型坦克都配有厚重的裝甲，這讓裝備了75㎜砲的謝爾曼坦克或是後期的邱吉爾坦克幾乎發揮不了作用。

因此，謝爾曼坦克小隊開始配備以謝爾曼為基礎，加裝由英軍獨立開發的高穿透力17磅（口徑76.2㎜）砲，螢火蟲謝爾曼坦克從此誕生。

另一方面，在邱吉爾坦克中隊中，則開始增加1～2個配備美製M10自走砲（口徑3英寸），以及英軍自行研發的17磅砲的M10C自走砲的小隊。這些自走砲的防禦力雖然較低，但卻擁有強大的反坦克火力。在良好的視野下，一旦

英軍裝甲聯隊（1941年）

本部	巡航戰車×3
第1中隊	巡航戰車×15、CS型巡航戰車×2
第2中隊	與第1中隊相同
第3中隊	與第1中隊相同

※戰車聯隊的裝備基本上只有「步兵戰車」，編制也幾乎相同。

英軍戰車聯隊（1943年）

本部	輕戰車×11、對空戰車×8
第1中隊	觀測戰車×2、步兵戰車×16
第2中隊	與第1中隊相同
第3中隊	與第1中隊相同

※ 邱吉爾坦克中隊中，每中隊配備4～8輛反坦克自走砲。

發現敵方戰車便能立即予以開火，以掩護中隊前進。

總結來說，英國的裝甲聯隊從一開始只有巡航戰車這唯一選擇；在加入火力強大的美製75mm砲中型戰車後，逐漸發展成美製中型戰車和新型巡航戰車並行的雙軌制，並進一步整合了搭載高反坦克能力的17磅砲的戰車。

◆步兵戰車Mk.Ⅳ邱吉爾步兵戰車Mk.Ⅲ

武裝：6磅（43口徑57mm）砲×1、7.92mm機槍×2、
最大裝甲厚度：102mm、最高速度：24.8公里/小時、重量：39.6噸

◆巡航戰車謝爾曼VC 螢火蟲

武裝：56.8口徑76.2mm砲×1、12.7mm機槍×1、7.62mm機槍×1、
最大裝甲厚度：76mm、最高速度40.2公里/小時、重量：32.7噸

戰車大隊其編制和戰術──美軍

美軍最初認為攻擊敵方陣地主要是步兵的任務，獨立的戰車大隊負責提供支援，而裝甲師團的任務則是突破敵方防線，以擴大戰果。

當美軍在北非與德軍交戰時，裝甲師團下的戰車大隊有兩種：一是以裝備37㎜砲的M3輕型戰車為主的輕型戰車大隊；一種是以裝備75㎜砲的M4中型戰車為主力的中型戰車大隊。兩者都由大隊本部、本部中隊和3個戰車中隊組成。

本部中隊配備了裝有迫擊砲和75㎜榴彈砲的半履帶車（前部是輪胎，後部是履帶），負責壓制敵方的反坦克砲或發射煙幕彈等任務。輕型戰車

◆M4A1謝爾曼中型坦克（75㎜炮）

武裝：37.5口徑75㎜砲×1、12.7㎜機槍×1、7.62㎜機槍×1、最大裝甲厚度：76㎜、最高速度：38公里/小時、重量：30.7噸

◆M3斯圖亞特輕戰車

武裝：50口徑37㎜砲×1、7.62㎜機槍×5、最大裝甲厚度：38㎜、最高速度：58公里/小時、重量：12.7噸

大隊負責壓制敵方陣地內的輕機槍陣地或掩護步兵前進。中型戰車大隊則負責突破敵方陣地並向後方進發，攻擊敵方的指揮部或砲兵單位。

如果遇到敵方的戰車部隊則會呼叫配備M10自走砲或牽引式反坦克砲的戰車驅逐大隊。由此可知當時美軍的基本思想是將反坦克任務留給專門的反坦克部隊。

因此，中型戰車的主砲並未過度強調反坦克能力，而是選擇了火力強大的75mm砲。即使這樣，75mm砲的穿透力仍高於德軍Ⅲ號戰車的長砲身50mm砲，所以美軍隊認為這已經足夠，這也是可以理解的。

然而，當實際與德軍戰車交戰時，卻發現裝備了大威力火炮的M10自走砲等反坦克車輛因為犧牲了裝甲而出現防禦力過弱，不適合用於進攻的狀況；而主力的M4中型戰車所裝備的75mm砲對德軍戰車的攻擊力也不算充分。

因此，便開始對M4中型戰車加裝具高反坦克能力的76mm砲，這麼一來雖然反坦克能力增強了，但榴彈的威力卻不如原先的75mm砲（另外，75mm砲通常會使用黃磷煙霧彈，而76mm砲似乎沒有配發）。因此，原有的75mm砲型戰車仍繼續生產，裝備105mm榴彈砲的支援用M4中型戰車也開始陸續生產，以取代

◆M10戰車驅逐車
武裝：50口徑76.2mm砲×1、12.7mm機槍×1、
最大裝甲厚度：50mm、最高速度：49公里/小時、重量：29.9噸

之前配備在本部中隊、搭載75mm砲的半履帶車。換句話說，美軍隊將M4中型戰車細化為具高反坦克能力的76mm砲型和具備強大榴彈火力的105mm砲型。不過，大量生產的75mm砲型仍持續使用。

隨著裝備76mm砲的M4中型戰車的配發，戰車大隊的反坦克能力有了明顯的提升。但除非是在能輕易地迂迴至敵人側面或背後的地形，否則在面對德軍的豹式或虎式戰車時，美軍仍不會過於積極地進行交戰。在前進時，他們會先在坦克砲中裝填發煙彈，在遭遇強敵時迅速製造出煙幕並撤退。這是因為無需強行交戰，只需要求砲兵部隊支援炮擊或是請空軍進行地面攻擊即可。如果實在必需自行擊破敵人的重型戰車時，則會採取以部分的坦克為誘餌吸引敵人的注意，再利用數量上的優勢迂迴至敵方側面或後方的戰術。

支援步兵師團的獨立中型戰車大隊基本上與裝甲師團所屬的中型戰車大隊的組成相同。這些支援的獨立戰車大隊通常會被分成中隊規模，配屬給步兵聯隊。這些戰車部隊與早期的日本戰車或德軍的突擊砲一樣，主要從事支援步兵的任務，特別是裝備105mm砲的M4中型戰車，尤其受到好評。

當你閱讀雜誌上的戰史文章時，有時會看到這樣的描述：「將戰車部隊用於支援步兵是一種過時的戰術」。然而，在第二次世界大戰中，儘管戰車和突擊砲有所不同，但所有的主要參戰國都投入了某種形式的裝甲戰鬥車輛來

美軍戰車大隊（1942年）

本部	M4中戰車×2、M4半裝軌式自走迫擊砲×3、T30半裝軌式自走榴彈砲×3
第1中隊	M4中戰車×17
第2中隊	與第1中隊相同
第3中隊	與第1中隊相同

※輕戰車大隊裝備M3輕戰車，與編制相同。

美軍戰車大隊（1943年）

本部	M4中戰車76mm砲×2、M4中戰車105mm砲×3、M4半裝軌式自走迫擊砲×3
第1中隊	M4中戰車76mm砲×18
第2中隊	與第1中隊相同
第3中隊	與第1中隊相同
第4中隊	M3輕戰車×17

支援步兵行動。德軍認為開發不帶旋轉砲塔、生產工數較少的突擊砲是進步的想法；但對於將主力戰車和步兵支援用戰車統合起來的美軍來說，卻是個過時的觀念，這說法並不完全正確（儘管美軍隊在反坦克方面過於依賴戰車驅逐車，這的確是一個弱點）。

大戰初期，結合能與戰車部隊以相同速度移動的機械化步兵，組成裝甲部隊的想法是先進的。但由於無法將所有部隊都機械化，為了支援這些步行的步兵部隊而配備裝甲戰鬥車輛也是理所當然的。從這個意義上來說，將戰車投入支援步兵的任務並不是一種過時的做法。

總結來說，美軍的裝甲部隊在反坦克作戰上，無論是在生產出裝備了76㎜砲的M4中型戰車之前還是之後，都不太積極；更多的是依賴砲兵和空軍的火力支援。然而，在步兵支援上相對較積極的獨立戰車大隊（分配給各步兵師團），則發揮了重要支援作用。

戰車大隊其編制和戰術──蘇軍

最後來看看蘇軍。

1941年6月德蘇戰爭爆發，當時蘇軍的戰車師所轄的各戰車聯隊由1個重型戰車大隊、2個中型戰車大隊和1個輕型火焰噴射戰車大隊組成，共計4個大隊。重型戰車大隊由3個重型戰車中隊組成，中型戰車大隊由3個中型戰車中隊組成，而輕型火焰噴射戰車大隊則由3個火焰噴射戰車中隊組成。

同年8月，為了更易於指揮，引入了編制比傳統戰車師更小的戰車旅，在戰爭初期遭受重大損失後，編制規模不斷地縮小已成了趨勢。例如，1942年3月，戰車旅的編制是由2個戰車大隊（隨後在4月增加到3個），以及1個機械化步兵大隊組成；每個戰車大隊由3個戰車中隊構成，第1中隊裝備KV重型戰車，第2中隊裝備T－34中型戰車，第1中隊裝備T－26輕型戰車，由各類型戰車混編而成。

這樣的編制雖說符合戰術上的需求，但更多地是反映蘇軍手頭上的可用兵力。再加上乘員和下級指揮官的訓練明顯不足、缺乏車載無線電，使得戰車大隊的戰術大多僅限於將重型戰車中隊置於中型戰車中隊後方提供支援，幾乎不可能實施像德軍的戰車大隊那樣協調一致的戰術。在德蘇戰爭初期，部分戰車部隊裝備了比德軍坦克更優秀的T－34和KV戰車，曾經單獨突破德軍防線，深入敵後的砲兵陣地。然而，由於缺乏確保和擴大這些戰果的手段，導致這些成功往往僅限於當下。

隨後，機動性低的重型戰車和攻擊力弱的輕型戰車被排除在戰車旅下轄的戰車大隊之外，統一改為裝備T－34中型戰車。1944年8月，戰車大隊的

◆T-26輕戰車（1939年型）
武裝：46口徑45mm砲×1、7.62mm機槍×2、最大裝甲厚度：20mm、最高速度：30公里/小時、重量：10.25噸

編制改以2個戰車中隊為基礎的小型編制。但由於車種統一，讓機動力得以統一，使得整個大隊能夠採取一致行動。一直到這時候，蘇軍才能開始採取符合戰術需求的編制，戰車部隊才能在不受組織的影響下作戰。另一方面，將笨重的重型戰車集中到獨立的重型戰車聯隊，分配到步兵單位進行支援性任務。

蘇軍有種讓數名配備輕機槍的步兵乘坐在戰車上的「戰車跨乘」作戰方式。舉例來說，當戰車部隊和乘坐在戰車上的步兵部隊進行聯合突擊行動時，會將攻擊部隊分成2個梯隊，第一梯隊的戰車不乘載步兵，第二梯隊則讓配備輕機槍的步兵跨乘在坦克上。第一梯隊負責壓制敵方的反坦克砲和輕機槍，為第二梯隊打開進攻路徑。在支援第一梯隊的同時，衝向敵方陣地的第

◆T-34中戰車(1941年型)

武裝：42.5口徑76.2mm砲×1、7.62mm機槍×2、最大裝甲厚度：45mm、最高速度：55公里/小時、重量：28.5噸

◆KV-1重戰車(1941年)

武裝：42.5口徑76.2mm砲×1、7.62mm機槍×3、最大裝甲厚度：90mm、最高速度：35公里/小時、重量：45噸

二梯隊迅速拉近了之間的距離。跨乘在坦克上的步兵在戰鬥臨近時會從戰車上跳下來，在保護戰車不受步兵攻擊的同時，對敵人進行近距離的攻擊。

沒有步兵支援的戰車部隊，在面對攜帶式反坦克火箭砲的步兵時，是相當脆弱的。即使是陸地上的王者——戰車，在視野不佳的城市戰中，也渴望能獲得步兵的掩護。

但要讓步兵伴隨著高機動力的戰車部隊一起行動，需要具備一定程度的機動力和防禦力的車輛（特別是低速的步兵戰車，步兵或許還能徒步跟隨）。因此，在其他主要國家中，通常會使用具備輕裝甲的兵員運輸用半履帶車。但蘇軍的步兵部隊很少配備這樣的車輛，不得已才以戰車來代替。相對於其他國家的機械化步兵，乘坐的都是能防護小口徑子彈和砲彈碎片的裝甲運輸車，蘇聯的戰車跨乘戰術只能讓步兵赤手空拳地緊抓住戰車的扶手，損失自然很大。

關於戰車部隊與步兵部隊，以及其他部隊間協同作戰的重要性，我希望能在下一章及之後作進一步的探討。

蘇聯的戰車大隊（1941年12月）

- 本部 T-34×1
  - 第1中隊 KV重戰車×5
  - 第2中隊 T-34×7
  - 第3中隊 T-26×10

蘇聯的戰車大隊（1943年11月）

- 本部 T-34×1
  - 第1中隊 T-34×10
  - 第2中隊 與第1中隊相同

第3章 裝甲師團

裝甲師團和機動力

首先，我們來談談什麼是*裝甲師團。

基本上，聯隊以下的各部隊都是由單一兵種組成的，例如：步兵部隊就是由步兵組成，砲兵部隊就是由砲兵組成。一個戰車聯隊通常只包含戰車部隊，而沒有步兵部隊或砲兵部隊。

然而，戰車部隊雖然有很高的防線突破能力，但在掌控地區的能力上卻較為低下。相對的，步兵部隊可以通過挖掘戰壕和建立支援陣地來確保一個陣地，即使兵力較小也具有一定的擴展面積和防禦範圍。

此外，當戰車關閉艙口後就容易受到從死角悄悄接近的步兵近距離的攻擊，這時就需要步兵的掩護。

基於這些原因，步兵部隊和戰車部隊的協同作戰——所謂的「步戰協同」就被視為是戰車戰術中的基本。

為了讓戰車部隊能夠持續作戰，除了步兵的支援外，還需要各種部隊的支援。例如，需要工兵來協助處理敵方的反坦克地雷，還需要砲兵來壓制敵方的砲兵部隊。

因此，裝甲師團是由戰車、步兵、砲兵和工兵等各兵種組合而成的「多兵種聯合部隊」。將

*二戰期間，日軍將主力為戰車部隊的師團稱為「戰車師團」，同樣以戰車部隊為主力的部隊德國稱為「裝甲師團」，美國和英國則稱為「機甲師團」，而蘇聯的Tankovogo Diviziya則多被譯為「戰車師團」。在這裡，我們將這些師團統稱為「裝甲師團」。

支援戰車的各種部隊集中在一起，組建出以戰車為核心的單一部隊就稱為裝甲師團（如果以步兵為核心的則稱為步兵師團）。

在編合各兵種時，首先遇到的問題是各部隊之間的機動力差異。戰車出現於第一次世界大戰，當時主要的作戰部隊是步兵，戰車僅僅是步兵的支援部隊。當時戰車的移動速度和步兵，以及其他以徒步方式移動的支援部隊之間並沒有太大的差別。也就是說，即使出現了戰車，在第一次世界大戰時各部隊的機動力基本上是一樣的。

但到了１９２０年代末期，德國的海因茨．古德里安將軍（當時還是少校）開始提倡不再以徒步移動的步兵部隊為中心，而改以能快速突破追擊的戰車部隊為核心，將各支援兵種編合成裝甲師團（Panzerdivision）。他主張，為了讓快速的戰車部隊能充分發揮其威力，所有的支援部隊都必須具備足夠的速度，和戰場上的機動力以便能跟得上戰車部隊的行動。

無論是增強了步兵師團攻擊力的戰車部隊，還是以戰車為主力的裝甲師團，從包含戰車在內的多兵種聯合部隊的角度來看，似乎是相同的。但前者的機動力是基於步行步兵的，而後者則是以快速的戰車為基準，這是關鍵性的不同。兩者間最大的差異在於機動力。

但要讓所有的支援部隊至少在路上移動時都能達到與戰車部隊相同的速度，就需要將它們全面機械化，比如乘坐卡車等。要實現在崎嶇地形上與戰車部隊保持同樣的機動力，則要讓步兵和工兵部隊乘坐在裝甲運輸車上，並為砲兵部隊配備自走砲。

與戰車或半履帶式裝甲運輸車相比，輪式卡車在崎嶇地面上的通行能力相對較差，一但離開了道路就無法跟上戰車的機動。此外，沒有裝甲保護的卡車在遭到榴彈射擊或是小型武器的攻擊時也會出現巨大的傷亡，因此必須讓步兵或工兵在距離戰場相當遠的地方就下車，徒步前往戰場。

半履帶式裝甲運輸車具有遠超卡車的戰地通行能力，和一定程度的防護力，除了可以跟上戰車的機動，還能保護車內的步兵免受小口徑子彈和榴彈碎片的傷害。可以直到戰鬥前夕才讓步兵下車，如果情況允許，甚至可以讓他們在車上進行戰鬥。乘坐裝甲運輸車的步兵可以緊密地跟隨高速的戰車行動，比起傳統的徒步步兵和緩慢的步戰協同部隊，能更快地展開作戰。

對於砲兵部隊來說也是如此。牽引式火炮需要花費大量的時間從牽引車上卸下、進入射擊位置並準備射擊。撤退時也同樣耗時，想在快節奏的裝甲戰中提供有效的砲火支援就變得很困難。可以自行移動、立即進入陣地，且轉換迅速的自走砲就非常適合支援快速的裝甲作戰。

同理，如果讓裝甲師團所屬的所有支援部隊都乘坐半履帶車並進行裝甲化，那將大幅提升師團的作戰節奏。將無法跟上裝甲師團作戰節奏的敵軍，在失去主動權後就無法進行有效的應對。具體來說就是讓敵軍在固定防禦陣地前就遭到攻擊，使反擊變得遲緩；當增援部隊還在移動中時就給予突襲，使其失去戰鬥力。換句話說，裝甲師團的快速作戰節奏本身就是一種強大的武器。

這種裝甲師團在各國的運用思想和編制上有著相當大的差異，隨著時代的演進，編制上也出現很大的變動，因此很難將以核心的基本論述加上各國的特色來進行描述。因此，關於裝甲師團，我們也像前一章一樣，按照國別依序來看其編制和運用思想。

裝甲師團的速度就是戰鬥力

●步兵師團的攻擊

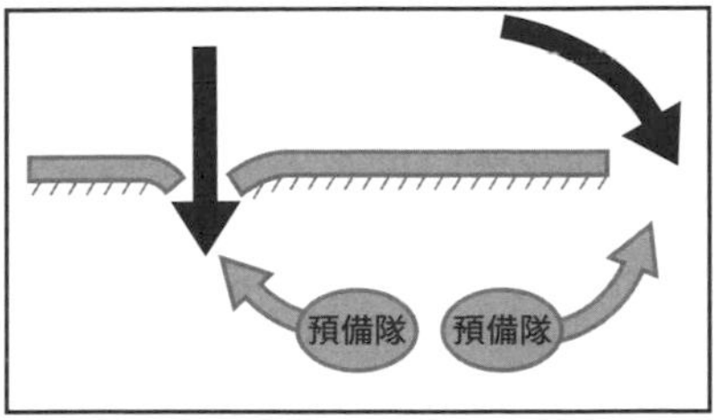

敵我雙方的步兵師，由於機動力相當，無論是直接突破還是迂迴作戰，都會被敵方的預備部隊所阻擋。

●裝甲師團的攻擊

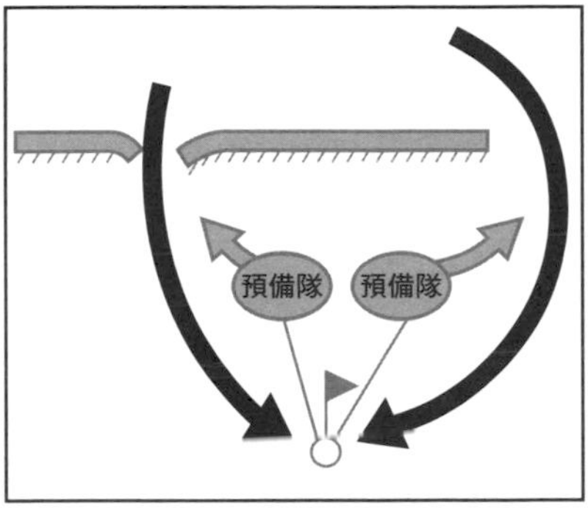

快速的機械化師可以輕易地深入敵人後方，摧毀敵方的指揮系統，削弱敵人的備戰力量。這就是「癱瘓」敵人的行動（指揮）。

●不在乎側面，大步向前進

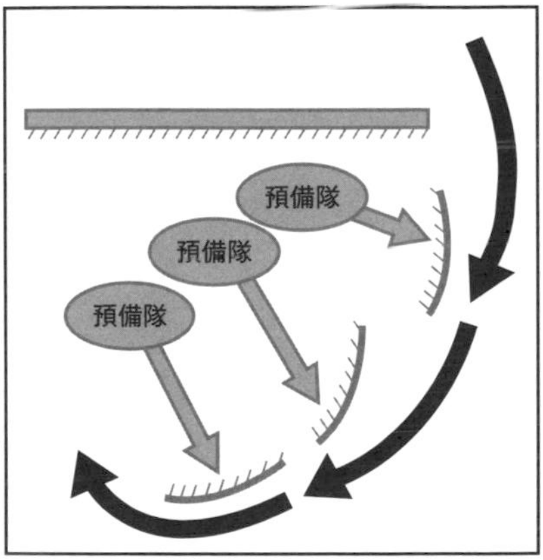

只要機械化師繼續高速推進，敵人將被迫處於被動地位，無法有效地利用備戰力量建立防線，最終甚至會被包圍。這就是為什麼人們常說「機械化部隊的側翼在奔馳時是安全的」。一旦停下來，就會暴露出長而脆弱的後方補給線。這就是為什麼後方的機械化步兵如此重要的緣故。

●裝甲師團和步兵師團的速度差異

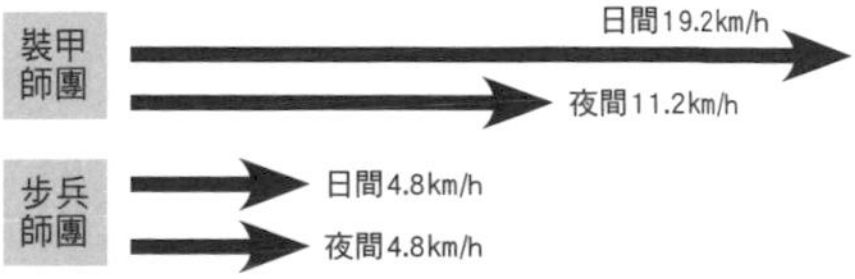

上圖顯示了德軍裝甲師和步兵師在速度上的差異。裝甲師在白天時的移動速度約為步兵師的4倍。

裝甲師團其編制和戰術——德軍

在考慮裝甲師團的編制時，其中一個重要關鍵是戰車與步兵的比例。從戰術上來說，如果只考慮突破敵軍防線，那麼增加戰車以強化打擊力是好的；但如果步兵不足，不僅不能確保所控制的地區，如前所述，也會影響戰車的戰力發揮。

包括德軍在內的各主要國家的陸軍都在尋求最佳的步戰比，並在大戰中多次重新編制裝甲師團。

由於戰車的補充不足等各種原因，德軍在1943年之前無法統一裝甲師團的編制。但以大戰爆發前夕的第1裝甲師團為例，戰車大隊與包含摩托化步兵的機動步兵大隊之間的數量比是4比3；如果不算摩托化步兵則是4比2。無論如何，戰車大隊都比步兵大隊多。

後來德軍通過演習意識到步兵部隊的不足，便逐步將機動步兵改編為2個聯隊共4個大隊，並將摩托化步兵大隊與機動偵察大隊合併。另一方面，由於德蘇戰前裝甲師團過度擴張和戰車生產不足等原因，到了1943年，所有戰車聯隊基本上都變成2個大隊的編制，戰車與步兵大隊的比率逆轉為2比4。雖然古德里安將軍對於戰車數量幾乎減半，導致裝甲師團的打擊力大幅下降感到遺憾，但從另一個角度來看也可以說是確保控制地區的能力提高了。

屬於裝甲師團的*機械化步兵在大戰初期幾乎都是乘坐無裝甲的6輪卡車或大型汽車，只有極少部分乘坐Sdkfz.251等半履帶式裝甲運輸車。從步戰協同的角度看，本應配給所有機動步兵

*在德軍中，會區分乘車的步兵（Schützen）、騎摩托車的步兵與普通步兵（Infanterie），前者常被稱為機械化狙擊手或摩托化狙擊手，但在這裡我們統稱為機械化步兵和摩托化步兵。

裝甲運輸車，使他們能跟得上戰車部隊的機動力，但由於生產能力不足而無法配備足夠數量的裝甲運輸車。

42～44年間，即使是裝甲師團，4個機動步兵大隊中也只有一個配備了裝甲運輸車，機動步兵的裝甲化進展的非常緩慢。

到了大戰末期，戰車聯隊改由戰車大隊和裝甲擲彈兵大隊（原為機械化步兵大隊）組成，而僅僅只有裝甲擲彈兵聯隊的4個大隊完成了機械化，每個大隊下屬的步兵中隊都還是徒步前進，這已經遠遠偏離了古德里安將軍所設想的裝甲師團模式了。

屬於裝甲師團的機械化砲兵（後來改稱裝甲砲兵）聯隊也面臨著相同的問題。開戰初期，機械化砲兵聯隊是由

德軍使用的半履帶裝甲人員運輸車，即Sdkfz.251。

裝甲砲兵大隊配備的15cm自走榴彈砲「Hummel」。

2個裝備牽引式10.5cm輕野戰榴彈砲的機械化砲兵大隊組成，但到了西線進攻作戰時期，又新增了一個裝備了牽引式15cm重野戰榴彈砲和10cm重加農炮的機械化重砲兵大隊。

到了1943年，將原本裝備牽引式輕野戰榴彈砲的大隊改組為2個裝備10.5cm榴彈砲的自走砲（黃蜂）中隊和1個15cm重裝甲榴彈砲（大黃蜂）中隊的裝甲砲兵大隊，實現了自走化。考慮到要伴隨戰車部隊的行動速度，理應將砲兵聯隊完全自走化，但由於自走砲的數量不足，3個大隊中只有一個大隊實現了自走化。

同樣地，裝甲工兵大隊中的3個工兵中隊也只有1個中隊實現了裝甲化。到了大戰末期，裝甲偵察大隊也減少了乘坐半履帶式裝甲運輸車的裝甲偵察中隊，增加了機械化偵察中隊。即使是後勤支援大隊，在戰爭末期也將配備卡車的機械化運輸中隊換成了依靠馬匹運輸的馬拉運輸中隊。

如此看來，德軍的裝甲師團，特別是在支援部隊的裝甲化或半履帶化上進行的並不順暢，大戰末期甚至連機械化都變得無以為繼，這成了限制師團機動力的一個重要因素。

在整個大戰期間，裝甲師團根據戰況收編了戰車聯隊、裝甲擲彈兵聯隊和裝甲偵察大隊作為骨幹，並增強了負責支援的砲兵大隊和工兵中隊，形成規模小於師團的多兵種聯合作戰團（戰鬥群），通常臨時編成了3個戰鬥群。根據戰況進行臨時編成，已成了基本的戰術。

例如，43、44年的裝甲師團是以1個戰車聯隊和2個裝甲擲彈兵聯隊為核心，因此可以組建出1個以戰車聯隊為核心的戰鬥群，和2個以裝甲擲彈兵聯隊為核心的戰鬥群。到了大戰末期的1945年，裝甲師團則演變成能組建1個以戰車大隊為核心的裝甲化戰鬥群，和2個裝甲擲彈兵聯隊（比普通擲彈兵聯隊擁有更多的汽車）為核心的戰鬥群。

不過，在1944年之前，裝甲師團有時會將戰車聯隊分成2個大隊，並分配到裝甲擲彈兵聯隊下，形成2個戰鬥群。組建出以裝甲偵察大隊為核心的戰鬥群也時有所聞。戰鬥群的組成會根據當時的戰況靈活變化，戰鬥群的指揮官通常由核心聯隊的聯隊長兼任，通常情況下，戰鬥群的名稱也直接以指揮官的名字來命名。

以下部分在第一部步兵部隊的第三章中已經提到過。德軍在步兵師團中也常臨時組建以步兵聯隊為核心的戰鬥群來進行作

德軍裝甲師團（1939年）

- 師團司令部
  - 戰車旅
    - 戰車聯隊 ×2
  - 機械化步兵旅
    - 機械化步兵聯隊 ×2
    - 摩托化步兵大隊
  - 機械化砲兵聯隊
  - 反坦克砲大隊
  - 搜索大隊
  - 工兵大隊
  - 其他部隊

法國閃電戰——第1裝甲師團攻陷努沙托（1940年5月11日）——

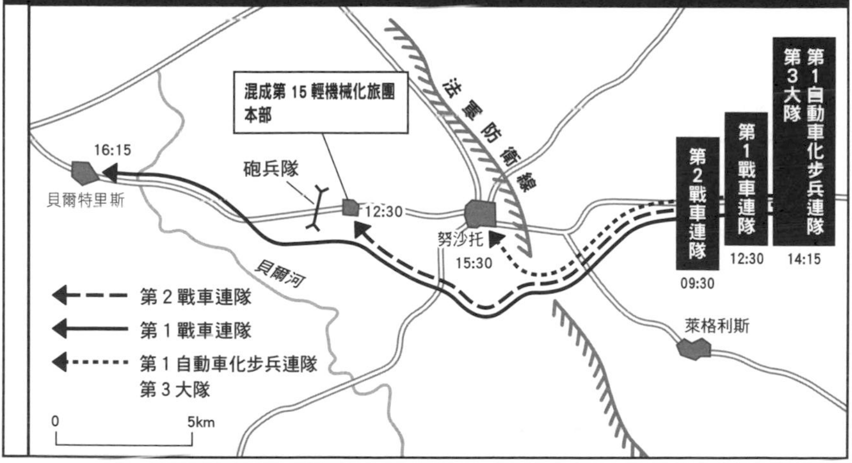

德國第一裝甲師在距離邊境約70公里的比利時南部交通樞紐努沙托時，直接突破法軍防線，穿過防線空隙直接攻擊指揮部和砲兵。趁著混亂之際，席捲了更深處的貝爾特里斯，後方的自動化步兵則佔領了努沙托市。

第1SS裝甲師團和整併坎普集團（1944年12月16日）

第1SS裝甲師團司令部

- 第1SS戰車聯隊
- 第1SS裝甲擲彈兵聯隊
- 第2SS裝甲擲彈兵聯隊
- 第1SS裝甲砲兵聯隊
- 第1SS裝甲偵察大隊
- 第1SS裝甲工兵大隊
- 第1SS裝甲彈兵大隊
- 第1SS高射砲大隊
- 其他部隊
- 獨立第501SS重戰車大隊
- 空軍第84突擊高射砲大隊

→

派普戰鬥團

- 第1SS戰車聯隊 ※1
- 第1SS裝甲擲彈兵聯隊第3大隊
- 第1SS裝甲工兵大隊第3中隊
- 第1SS裝甲砲兵聯隊第2大隊 ※2
- 空軍第84突擊高射砲大隊

桑迪戰鬥群

- 第2SS裝甲擲彈兵聯隊(主力)
- 第1SS裝甲砲兵大隊第3大隊
- 第1SS裝甲工兵大隊(主力)
- 第1SS高射砲大隊

漢森戰鬥團

- 第1SS裝甲擲彈兵聯隊(主力)
- 第1SS裝甲砲兵聯隊第1大隊
- 第1SS裝甲獵兵大隊
- 第1SS裝甲工兵大隊第1中隊
- 第1SS高射砲大隊(一部)

庫尼特爾戰鬥團

- 第1SS裝甲偵察大隊

※1=不足1個大隊（隸屬於軍直轄第501SS重戰車大隊）
※2=未參與作戰

「萊茵河防禦」行動中的道路分配和行軍序列

上表顯示了在西線上德軍最後的大規模進攻「萊茵河防禦」行動（巴爾基戰役）中，從師團轉編為集團的例子。下面是行軍序列，有著強大攻擊力的派普戰鬥團和漢森戰鬥團（配備裝甲獵兵大隊的反坦克隊伍）為先鋒。

戰。美軍的步兵師團也會臨時組建以步兵聯隊為核心的多兵種聯合部隊RCT（Regimental Combat Team，聯隊戰鬥團），而日軍的步兵師團也常組建多兵種的聯合支隊，交由步兵團長指揮。在第二次世界大戰中，在師團內臨時組建以聯隊為核心的多兵種聯合部隊來進行作戰是非常普遍的事情。

回到德軍的裝甲師團。以戰車聯隊為核心的戰鬥群通常會集中增強裝甲化部隊，如乘坐半履帶式裝甲運輸車的裝甲擲彈兵大隊和裝甲工兵中隊，這讓他們成了師團中唯一完全裝甲化的戰鬥群，也就是裝甲戰鬥群（Panzerkampfgruppe）。以裝甲擲彈兵聯隊為核心的戰鬥群則會增強機械化的裝甲獵兵（反坦克）中隊，有時還會從戰車聯隊中抽調戰車中隊來補強。

在裝甲師團發動攻擊時，通常會讓具有高突破能力的裝甲戰鬥群做先鋒。裝甲戰鬥群的砲兵支援通常交由自走化的砲兵大隊負責。一旦裝甲戰鬥群成功突破後，機械化戰鬥群就會讓步兵從卡車等運輸工具上下車，與配備反坦克砲的裝甲獵兵會合，以確保突破口的控制權，並在可能的情況下進一步擴大突破口。機械化戰鬥群的直接支援則由裝備輕野戰榴彈砲的機械化砲兵大隊承擔。擁有長射程、大火力的機械化重砲兵大隊則負責壓制敵方的砲兵部隊，承擔起師團的整體支援工作。

一旦裝甲戰鬥群成功突破敵線，就會繼續前進，深入敵後，摧毀敵方的砲兵陣地、指揮部、補給處等目標。這時候具備高機動力的自走砲便能隨同裝甲戰鬥群快速移動，並提供火力支援。隨後，第3個機械化戰鬥群將跟進，確保已被裝甲戰鬥群攻佔的地區。如前所述，一旦突破口確保後，那些機械化戰鬥群就會讓步兵重新登上卡車，跟隨裝甲戰鬥群的步伐繼續前進。確保突破口和維護地區安全的任務則交由後續的步兵師團來負責，而裝甲師團則會繼續前進，擴大戰果。

但即便是裝甲師團，能夠突破敵線並深入後方的裝甲化部隊也僅限於一個增強聯隊規模的戰鬥群。其他未裝甲化的戰鬥群在每次戰鬥中都需要讓步兵上下卡車，直接支援它們的砲兵中隊也需要在每次射擊時將火炮從牽引車上卸下來設置在射擊陣地上，無法像裝甲戰鬥群那樣在持續戰鬥、前進。由於裝甲化部隊的數量有限，裝甲師團在戰術上的變化也受到限制。

總結來說，德軍因為缺乏坦克、半履帶式裝甲運輸車和自走砲等裝備，因此無法完全實現裝甲師團的裝甲化。最終，由於德國的有限生產力，無法實現古德里安所設想的理想裝甲師團。

裝甲師團其編制和戰術——美軍

美軍在二戰初期受到德軍裝甲部隊，特別是在西線進攻作戰中迅速擊敗法軍的啟發，從1940年7月開始著手組建裝甲師團和機械化師團。

美軍隊在第二次世界大戰初期組建的1940年型裝甲師團，包含了3個裝甲聯隊（相當於其他國家的戰車聯隊）和1個裝甲步兵聯隊（乘坐半履帶式裝甲運輸車的機械化步兵聯隊，相當於德軍隊的裝甲擲彈兵聯隊），其戰車與步兵的比例為9比2，這比早期的德軍裝甲師團更加偏重於戰車。從這種編制可以看出，當時的美軍對裝甲師團的定位幾乎完全是追擊、擴展，並沒有考慮到太多的區域確保的問題。之後，經過演習後發現步兵不足的問題，1941年型的裝甲師團增加了1個裝甲步兵大隊，戰車大隊與裝甲步兵大隊的數量比仍然是9比3，依舊是偏重於戰車的編制。

接下來組建的1942年型裝甲師團則引入了創新的編制，在師團中設置2個不具特定所屬部隊的指揮組織——戰鬥指揮部（Combat Command），根據情況將裝甲聯隊、裝甲步兵聯隊、裝甲野戰砲兵大隊（裝備自走砲的野戰砲兵大隊）等各部隊分配其中。這相當於將德軍裝甲師團中臨時組建的戰鬥群系統納入正規的編制中。主力的戰車部隊有2個聯隊，裝甲步兵部隊為1個聯隊，戰車大隊與裝甲步兵大隊的數量比為6比3，仍然是偏向戰車的編制。

到了1943年，美軍廢除了裝甲聯隊和裝甲步兵聯隊的本部，並將戰鬥指揮部增加到A、B、R（Reserve，即預備）3個。在這種編制下，戰車大隊減少到3個，使得戰車大隊與裝甲步兵大隊的比率達到3比3，終於回到平衡的編制。此外，師團砲兵本部下屬3個裝甲野戰砲兵大隊，裝甲工兵大隊下屬3個裝甲工兵中隊。

因此，在1943年型的裝甲師團中，可以組建3個戰鬥團，每個戰鬥團由3個戰鬥指揮部指揮，分別包含戰車、步兵、砲兵各1個大隊，以及1個工兵中隊，基本上部隊的構成都相同。

美軍裝甲師團（1943年）

- 師團司令部
  - 戰鬥指揮部 A
  - 戰鬥指揮部 B
  - 戰鬥指揮部 R
  - 戰車大隊 ×3
  - 裝甲步兵大隊 ×3
  - 師團砲兵本部
    - 裝甲野戰砲兵大隊 ×3
  - 機械化騎兵大隊
  - 裝甲工兵大隊
  - 其他部隊

在美軍的裝甲師團中，裝甲步兵大隊已經完全裝甲化，使用了M3半履帶車等裝備；而裝甲野戰砲兵大隊也已配備了105㎜自行榴彈砲M7（牧師），實現了完全的自走化。此外，裝甲工兵大隊等支援部隊也配備了大量的半履帶車，各部隊間都沒有像德軍的裝甲師團那樣在裝備上存在著

美軍所使用的半履帶裝甲運輸車M3半履帶車。

M7自走砲，將105㎜榴彈砲安裝在M3中型坦克和M4中型坦克上。

裝甲化或機械化的巨大差異，這使得各戰鬥指揮部的機動力能夠達到高水平的統一性。換句話說，實現古德里安將軍所構想的理想裝甲師團，不是德軍而是美軍。

所有戰鬥指揮部都實現裝甲化的美軍裝甲師團，不需要像德軍裝甲師團那樣必須具備特定的戰鬥群作為攻擊先鋒。即使是德軍機械化戰鬥群都難以突破的敵方防線，對高度裝甲化的美軍裝甲師團來說，包括支援部隊在內，無論投入那個戰鬥指揮部都可以迅速突破和追擊。

如果敵人的抵抗力較為薄弱，還可以將2個相同編制的戰鬥指揮部並排在前線，一舉佔領廣大區域；如果敵人頑強抵抗，則可以將戰車兵力集中到特定的戰鬥指揮部中，增強打擊力量，迅速突破。在突破敵人防線後，途中如果遇到敵方的堡壘、據點，可以讓前面的戰鬥指揮部包圍它，其他的2個戰鬥指揮部迂迴前進；如果再遇到敵後方堡壘，可以讓其中一個戰鬥指揮部進行包圍，最後一個戰鬥指揮部則繼續迂迴進攻。

1944年夏天，在北法的巴頓將軍指揮下的美國第三軍所屬的各裝甲師團，在阿夫朗什突破後所展現的戰術也與此相似。簡而言之，美軍的裝甲師團在戰術上的選擇範圍要遠遠優於德軍的裝甲師團。

在實戰中，戰鬥指揮部A和B經常作為主力部署在前線，R則作為預備部隊放在後方。原本R的指揮官人數比A、B要少，分配給前線的戰鬥指揮部A和B的兵力也較多。不過，隨著大戰接近尾聲，德軍的反攻能力逐漸降低，預備兵力的必要性也隨之下降，因此經常會看到包括R在內的所有戰鬥指揮部都投入前線的情形。

舉例來說，在１９４４年12月的阿登戰役中，成功突破重要交通樞紐巴斯通尼並率先進入城內協助友軍的，正是第４裝甲師團的戰鬥指揮部R。這象徵著美軍裝甲師團所擁有的戰術靈活性。

值得一提的是，即使在１９４３年改編為新型裝甲師團之後，美軍中仍有一些裝甲師團保留１９４２年型的編制。這是因為擁有較多戰車兵力的１９４２年型裝甲師團具有出色的打擊力，在突破作戰中作為先鋒是非常需要的。實際上，它們也被任命為突破作戰的前鋒部隊投入了前線。

美軍在１９４３年型編制中大幅削減戰車兵力的原因之一，是誤解了德軍在德蘇戰爭前，縮小裝甲師團戰車部隊規模的合理性（實際上是因為裝甲師團增設過多，導致的戰車短缺）。

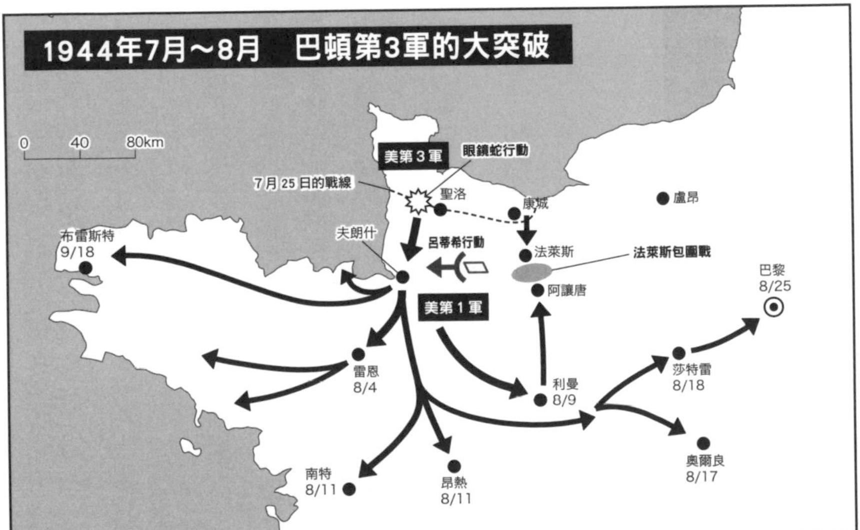

在眼鏡蛇行動中突破戰線的巴頓第3軍，憑藉其機動力席捲了北法國。相對應的德國裝甲部隊發起了盧蒂希行動，試圖封鎖突破口，但在空中攻擊的打擊下被徹底摧毀。

即便如此，美軍並沒有忘記戰車部隊所具有的打擊力和突破能力的重要性。

裝甲師團其編制和戰術──蘇軍

在德蘇戰爭爆發前，蘇軍有以2個戰車師團和1個機械化師團為核心的機械化軍團。其中戰車師團由2個坦克團、1個自動化步兵團和1個自動化炮兵團組成。

然而，這種機械化軍團因為編制過大而難以管理，加上德軍於1941年6月發起的對蘇聯的入侵行動「巴巴羅薩」，造成巨大損失；因此，改成許多規模較小的戰車旅，其規模比其他主要國家的裝甲師團還要小。

到了1942年春天左右，坦克的補充情況有所改善，便開始組建以3個戰車旅和1個自動化步兵旅為主的戰車軍團。每個戰車旅都以2個坦克營和1個自動化步兵營為核心，但蘇軍的規模都比其他國家的同一級部隊要小一些，當時戰車軍團的規模甚至比德軍的裝甲師團小了2級。隨後，戰車軍團和戰車旅便進行了一連串的改組和補強。

到1942年冬天為止，蘇軍的戰術因為坦克部隊的運作效率低、裝備不足、指揮官和士兵的訓練不足等問題，而變得戰力低下。炮兵部隊不能提供靈活的火力支援給攻擊部隊，自動化步兵部隊也不能與坦克部隊協同進行聯合攻擊，沒有得到支援的坦克部隊只能單獨行動，並因此而被德軍的反坦克炮或步兵近距離攻擊而遭到摧毀。

特別是缺乏半履帶式的裝甲運輸車，卡車等的運輸工具也不足，因此缺乏能隨同坦克作戰的自動化步兵部隊。為了解決這個問題，蘇軍採用在上一章中提到的解決方案——讓步兵乘坐在坦克上的「戰車跨乘」。

戰車旅下轄的自動化步兵大隊在被分成小部隊增援至各戰車大隊前，與其他各國的戰鬥團在組織上沒有太大的差異。但這些增援的自動化步兵部隊並不像其他國家的部隊那樣擁有自己的裝甲運兵車或卡車，而是必須靠著抓住戰車的扶手等設施才可以和戰車一同行動。如果步兵都乘坐在戰車上，那麼步兵的機動性就與戰車部隊完全一樣了，協同作戰也不會有任何問題。就像德軍的裝甲師團那樣，不會在各戰鬥群之間造成機動力的巨大落差。從這個角度來說，可說是理想的步戰協同。但如果這些暴露在外、毫無保護的步兵遭受攻擊，那將成為巨大的損失。

最初，坦克搭乘部隊主要用於快速破壞敵人後方指揮所或補給處，再迅速撤退的戰術；但最終也慢慢開始擔任起攻擊的先鋒部隊。

負責進攻作戰的軍隊獲得了多個戰車旅，經常能夠突破敵人防線數十公里。這些戰車部隊有

蘇軍戰車旅團（1943年）

- 旅團本部
  - 戰車大隊 ×2
  - 機械化步兵大隊
  - 反坦克砲中隊
  - 反戰車槍中隊
  - 高射機槍中隊
  - 其他部隊

蘇軍戰車軍團（1944年）

- 軍團司令部
  - 戰車旅團 ×3
  - 機械化步兵旅團
    - 機械化步兵大隊 ×3
    - 砲兵大隊
    - 重迫擊砲大隊
    - 其他部隊
  - 重戰車聯隊
  - 重自走砲聯隊
  - 輕自走砲聯隊
  - 重迫擊砲聯隊
  - 高射機關砲聯隊
  - 偵察大隊
  - 摩托車大隊
  - 反坦克砲大隊
  - 其他部隊

時幾乎是單獨深入敵方後方，如果被德軍切斷後路並加以包圍的話，就會因為補給中斷而被摧毀。

從德軍的角度來看，雖然他們的戰線經常被敵方的戰車部隊突破，但他們有時候會進行戰術性的撤退以封鎖突破口，再以裝甲化的戰鬥群為核心的「滅火部隊」從敵方戰車部隊的背後進行機動打擊，並加以摧毀之，從而實施了成功的機動防禦。1943年2月開始的「第三次哈爾科夫戰役」，由波波夫率領的機動集團軍其命運就是一個典型的例子。

1944年1月的「科爾松包圍戰」，蘇軍的戰車部隊不再像之前那樣的魯莽突進了。此外，這時期成為戰車部隊主力的T－34中型坦克也開始升級為裝備85㎜炮的T－34－85，並通過美英的租借法案獲得了卡車等補給，從而提高了各支援部隊的機動力。

蘇聯步兵們採用所謂的「坦克突擊」戰術，站在T-34-85坦克車體上移動。

蘇軍的裝甲部隊雖然缺少其他國家常見的以間接（瞄準）射擊為基礎、採用開放式（開頂）設計的自走榴彈炮；但在攻勢等的情況下，獨立自走炮聯隊所裝備的密閉式戰鬥室，搭載大口徑榴彈炮，以直接（瞄準）射擊作為火力補充。

相比之下，德軍步兵師團的戰力大幅下滑，不僅無法對蘇軍造成重大損害，還容易遭到突破。戰力也在逐漸下降中的德軍裝甲師團，在面對蘇軍攻擊機的對地突擊時，難以進行預期的機動打擊。

這些因素相互作用使得蘇軍在1944年6月開始的「巴格拉基昂行動」作戰中，以裝甲部隊奪取了德軍的風采開啟壯麗的大突破。

總結來說，蘇軍藉由戰車跨乘讓步兵乘坐在坦克上，和強調以自走炮直接射擊代替自走榴彈炮的間接射擊等方式，創造出不同於德軍和美軍的特色裝甲戰術。

第3次哈爾科夫戰役
（1943年2月21日～3月14日）

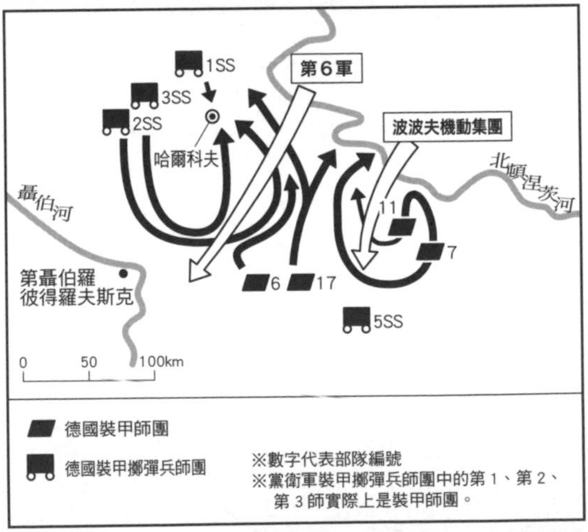

蘇軍隊突擊抵達聶伯河，企圖包圍德軍在哈爾科夫以東、頓涅茨克南岸的部隊，但他們的前進距離過長，速度減慢，被德軍的機動防禦切斷後方補給線，最終被擊潰。

蘇軍對東普魯士的裝甲突破
（1945年1月）

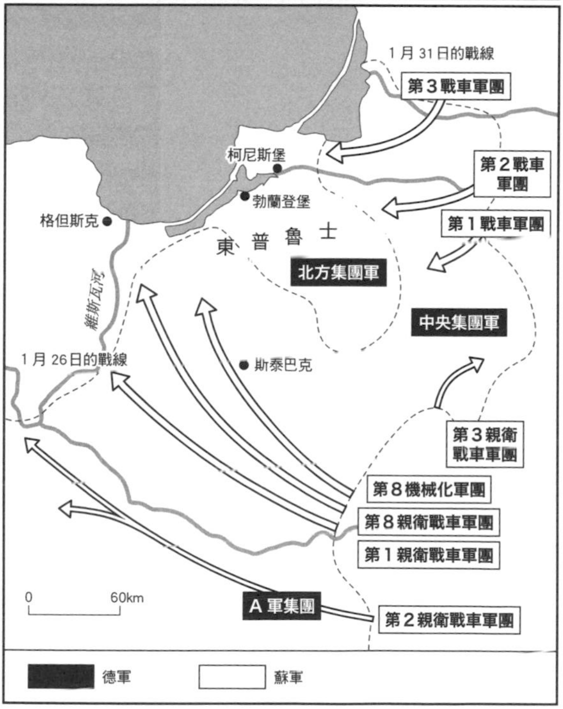

蘇軍在敵軍戰線薄弱的地方集中坦克軍團進行突破，與1943年的第三次哈爾科夫戰役不同，擁有充足的機械化步兵和支援部隊的蘇軍，長驅直入抵達維斯瓦河，成功包圍了德國北方集團軍。

※地圖上標記的蘇軍僅有坦克軍團

裝甲師團其編制和戰術——英軍

大戰初期的英軍裝甲師團是以3個輕裝甲聯隊為核心的輕裝甲旅，和以3個重裝甲聯隊為核心的重裝甲旅組成的。但所謂的裝甲聯隊其規模與德軍的坦克大隊相差無幾。屬於裝甲師團的步兵部隊並非隸屬於這些裝甲旅，而是隸屬於支援群下的2個自動化步兵大隊；因此，步戰的兵力比大致可以看作6對2。換句話說，初期的英軍裝甲師團也和其他各國一樣採取了偏重於坦克的配置。

到了1942年，中東戰區的裝甲師團採用了新的編制，將3個戰車聯隊（大隊規模）和1個機械化步兵大隊組成裝甲旅，與3個機械化步兵大隊組成的機械化步兵旅結合起來，戰車聯隊（但仍是大隊規模）與步兵大隊的比例逆轉為3比4。

英軍沒有採用德軍的戰鬥群（Kampfgruppe）或美軍的戰鬥指揮部（根據情況靈活變化部隊的編成），而是在師團內設置以戰車為主和以步兵為主的正式旅團，並將師團直屬的通信大隊、衛生隊等後方支援部隊分派出通信小隊、衛生小隊等來配屬。

這種以建制部隊為基礎的優勢在於：共同行動的部隊是固定的，比起臨時編成的戰鬥團更容

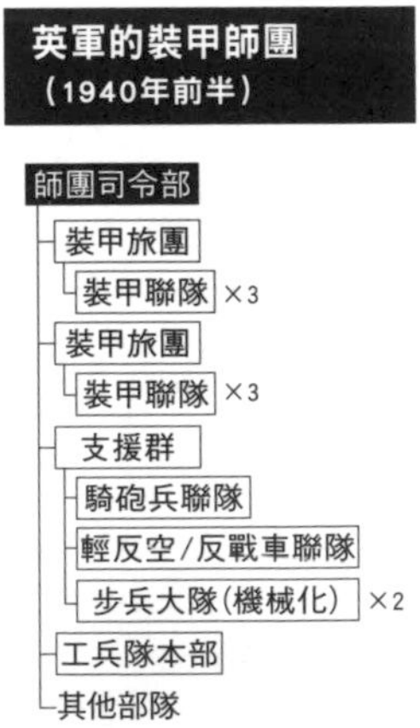

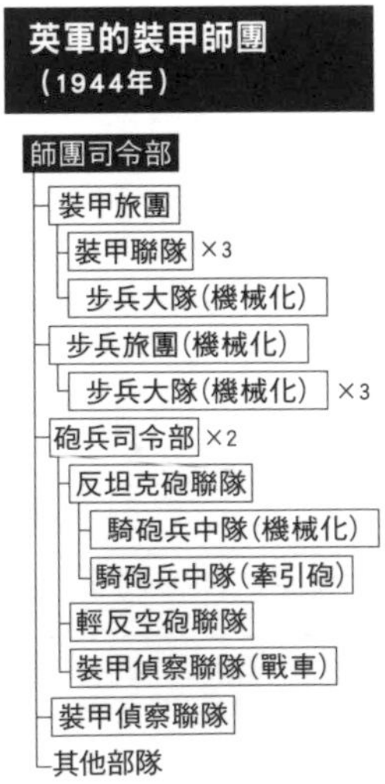

易培養出部隊的凝聚力、信任關係，以及協同能力。

而且，英軍的旅團編制比其他國家臨時編成的戰鬥團更具獨立性，特別是在北非戰役的前期，經常傾向於讓旅團進行一定程度的獨立作戰。以戰車作為主力的裝甲旅多半作為單獨的機動打擊部隊，不像德國的裝甲師團那樣與機械化步兵進行密切協同、快節奏的機動戰。也就是說，當時的英軍裝甲師團並沒有太多師團規模的戰術。

到了北非戰役的後期，特別是從第二次阿拉曼戰役開始後，由於英聯邦的兵力大幅度增加，師團作為一個整體的傾向變得更加強烈。

同時，在本土的裝甲師團也開始採用類似於中東戰區的新編制，下轄1個裝甲旅和1個步兵旅。

這種編制的缺點在於，儘管擁有強大打擊力的裝甲旅可以突破敵人防線，並由隨後的步兵旅來鞏固突破口，但缺少第三個步兵旅來繼續跟進並確保該地區的穩定。即使裝甲旅團成功地深入敵後方進行大規模的突破，也

1944年7月，英國第7裝甲師團的克倫威爾巡航戰車在諾曼第戰線上推進。英國開發了快速的巡航戰車，但很少進行大規模的裝甲部隊突破和包圍殲滅行動。

無法確保通過的區域已在我方的掌控中，從而擴大戰果。

至於英軍的裝甲師團戰術多以裝甲旅支援步兵旅的平推式攻擊為主，很少見到像德軍或蘇軍那樣，由裝甲部隊迅速突破敵人防線、前進至敵後方，一舉包圍、殲滅敵軍的戰術。這也意味著英軍從來就沒有認真思考過這樣的戰術，因此也就沒必要配置第三個步兵旅了。

第二個缺點是，由於裝甲旅的兵力結構過於偏重於戰車，導致步兵的數量不足。例如，在１９４４年９月開始的「市場花園」行動期間，為了平衡步戰比例，不得不從裝甲旅中抽調一個裝甲聯隊與步兵旅中的一個步兵大隊進行調換，事先調整好裝甲師團的兵力配比。

即便如此，英軍在１９４４年的改編中也沒有進行大規模的調整，仍然保持以一個裝甲旅和一個步兵旅為核心的師團結構。其中一個主要原因也是因為英國的人力資源已經接近枯竭，無法再增加更多的步兵部隊了。

不僅裝甲師團的組織結構沒有改變，就連戰術也沒有太大的變化，一直到大戰結束都是以裝甲旅支援步兵旅的平推式進攻為主。沒有像「巴巴羅薩」行動中的德軍裝甲師團、「巴格拉基昂」行動中的蘇聯戰車軍團，或是帕頓將軍第三軍下屬的美軍裝甲師團那樣，展示出多兵種聯合部隊快速突破敵線，迅速擴大成大規模包圍的現代裝甲戰術。

裝甲師團其編制和戰術──日軍

日軍首個戰車師團的編成是在1942年開始的。

這個戰車師團由2個戰車旅組成，每個戰車旅有2個戰車聯隊，也就是總共有4個戰車聯隊，以及1個機動步兵聯隊（搭乘半履帶式裝甲車的機械化步兵，相當於美軍的裝甲步兵、德軍的裝甲擲彈兵）為核心。每個戰車聯隊由5個戰車中隊組成，所以實際規模稍大於營級單位。機動步兵聯隊則是由3個營組成，因此在步戰的平衡上比其他國家的初期裝甲師團要好一些。

然而，實際上由於裝備供應跟不上，機動步兵聯隊不得不使用卡車來代替裝甲車，戰車聯隊中的砲戰車中隊則裝備了過時的中型坦克。在1944年3月的「一號作戰」，也就是所謂的「大陸打通作戰」之前，新成立的第三戰車師在支那派遣軍總司令官畑俊六大將的視察中被評價為「戰力極其低下，僅為正規部隊的一半，與蘇聯相比也只有20～30%。作為機動兵團發揮戰力的目標仍十分遙遠」。

日軍在中國大陸的戰鬥中，根據情況將戰車旅、戰車聯隊、機動步兵聯隊等作為核心，臨時編成多兵種聯合支隊進行作戰。不過，機動步兵所乘坐的卡車在中國落後的基礎道路設施中並無法發揮應有的機動力，雨天下的行軍更是困難重重。因此，有時會臨時編成只有戰車部隊的支隊作為突破使用。

派往南方的戰車師只有一個，而且還因為需要在其他戰區抽調戰車聯隊，或是在海上運輸途中遭到攻擊而失去坦克，難以當作完整的戰車師團進行作戰。儘管如此，根據情況臨時編成以戰車旅、戰車聯隊、機動步兵聯隊為核心的多兵種聯合支隊，這樣的戰術並沒有改變。

到了大戰末期，新編了以3個戰車聯隊為核心的本土決戰用戰車師團。每個戰車聯隊都擁有支援用的砲戰車中隊、自走砲中隊，以及騎乘半履帶式裝甲車的機械化步兵和兼具戰鬥工兵功能的作業中隊，成為以戰車為主體的多兵種聯合部隊。不過，由於師團內缺乏機動步兵聯隊和機動砲兵（配置裝甲自走砲的砲兵）聯隊，因此炮擊支援主要依賴直屬於軍部的砲兵部隊，幾乎沒有掌控整個地區的能

在菲律賓呂宋島繳獲的日本陸軍戰車第二師團戰車第七聯隊的九七式中戰車改。派往南方的戰車師團只有這個第二師團，但在美國的M4謝爾曼坦克和步兵的火箭筒等武器面前，它們被擊潰了。

日軍本土決戰用戰車師團（1945年）

- 師團司令部
  - 戰車聯隊
    - 中戰車中隊 ×2
    - 砲戰車中隊 ×2
    - 自走砲中隊
    - 作業中隊
    - 整備中隊
  - 戰車聯隊 （編制與上述戰車聯隊相同）
  - 戰車聯隊 （編制與上述戰車聯隊相同）
  - 機關砲隊
  - 其他部隊

日軍戰車師團（1943年）

- 師團司令部
  - 戰車旅團
    - 戰車聯隊 ×2
  - 戰車旅團
    - 戰車聯隊 ×2
  - 機動步兵聯隊
    - 機動步兵大隊 ×3
  - 機動砲兵聯隊
  - 速射砲（反坦克砲）大隊
  - 防空隊
  - 工兵隊
  - 其他部隊

力。

但從戰術上來說，如果只考慮對登陸的敵軍進行突擊的話，那麼突破後掌控該地區的必要性就不存在了。只要將敵軍趕進海裡，任務就算完成了，從這個意義上來說，這樣的編制是合理的。

由此可以看出，日軍為本土決戰所編制的裝甲戰術，純粹是將裝甲部隊作為打擊力量來使用。

關東軍的西伯利亞進攻計畫

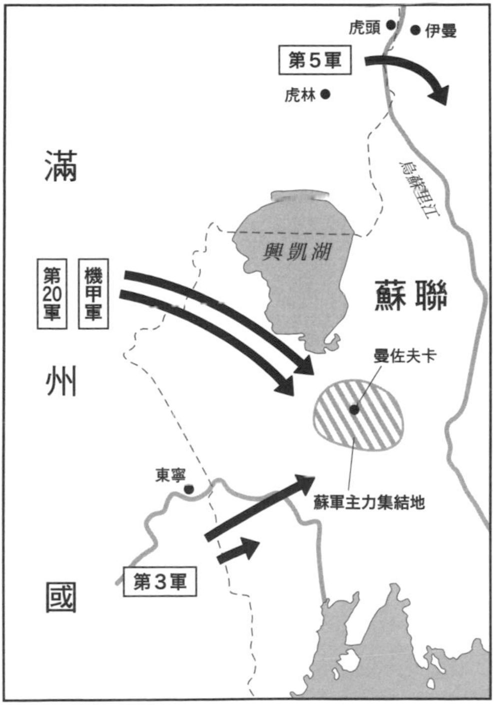

1943年後半左右，在關東軍的西伯利亞進攻計劃中，主要進攻方向由第3軍轉向第20軍，並以新成立的裝甲軍快速突破，計劃捕捉、消滅正在集結的蘇聯遠東主力。

什麼樣的裝甲師團是理想中的裝甲師團？

當我們觀察各主要國家的裝甲師團戰術時，可以感受到裝甲輸送車、自走砲等裝備的缺乏對師團的編制有相當大的影響，也成了限制裝甲師團戰術的重要因素。儘管德國是現代裝甲戰術的發源地，但它未能完全實現裝甲師團的半履帶化、裝甲化、自走砲化，沒能建構起理想中的編制。正如前文所述，唯一實現這一目標的是美軍。

雖然美軍已經將裝甲師團完全裝甲化了，但一般的步兵師只增強了裝備卡車的運輸大隊到完全自動化的程度（但與其他國家的步兵師相比，這已經是相當了不起了）。

這些步兵師團在第二次世界大戰後的冷戰時期也進行了改編，配備了大量的坦克、步兵戰鬥車、自走砲等，幾乎與裝甲師團無異了。冷戰高峰時，美軍的裝甲師團和機械化步兵師團在坦克大隊和機械化步兵大隊的比例上只有微小差別，實際上可以將兩者都稱作裝甲師團了。換句話說，美軍得出的結論是：除了空降師團或山地師團等特殊師團外，所有的師團都需要進行裝甲化。

此外，在冷戰加劇時期的其他主要國家中，除了一些輕步兵部隊外，機械化步兵已成為過時

1980年後半，蘇聯在阿富汗衝突中投入的步兵戰鬥車BMP-1。步兵戰鬥車不僅具有運輸士兵的功能，還擁有大口徑機槍、反坦克導彈等強大武裝。

海灣戰爭地面戰——史瓦爾茨科夫的左鉤拳——

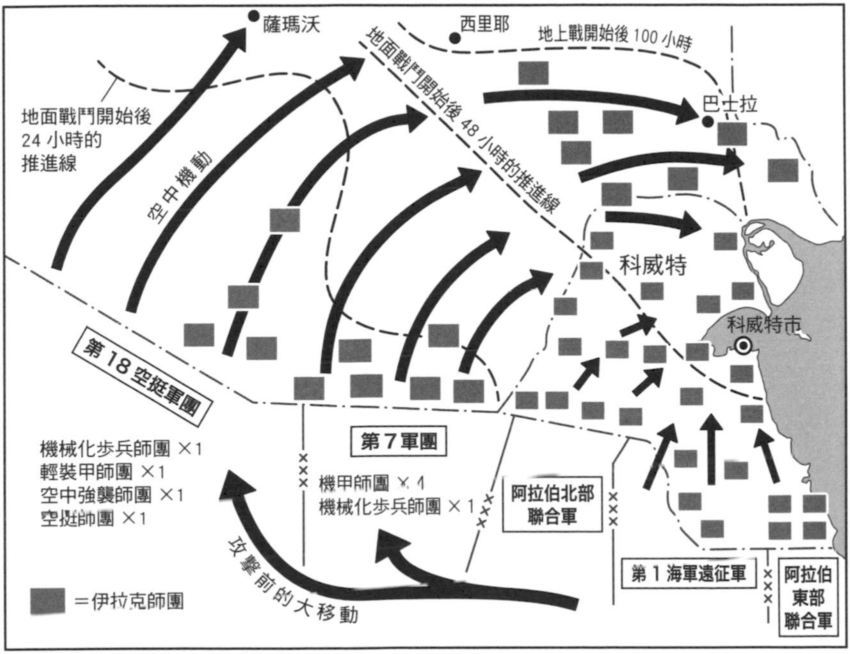

多國聯軍實際上是由5個裝甲師組成的第七軍團突破了伊拉克的包圍。對敵軍形成包圍，這是裝甲作戰的本質，50年來未曾改變過。

海灣戰爭時(1991年)
美軍裝甲師團

師團司令部
- 旅團本部 ×3
- 戰車大隊 ×6 ※1
- 機械化步兵大隊 ×4 ※2
- 野戰砲兵旅團
- 航空旅團
- 師團支援指揮
- 其他部隊

※1…在機械化步兵師團中有5個裝甲大隊
※2…在機械化步兵師團中有5個步兵大隊

配置了，裝甲運輸車或步兵戰鬥車上的機械化步兵成了常規設置。例如，西德裝甲師團下屬的裝甲擲彈兵大隊全部改為乘坐步兵戰鬥車；蘇軍機械化步兵師團中，隸屬的機械化步兵聯隊中有一個聯隊配備了步兵戰鬥車或履帶式裝甲運輸車，其餘2個聯隊則配備輪式裝甲運輸車。

回顧一下，第二次世界大戰以德軍對波蘭的進攻拉開序幕，經歷了法國戰役、北非戰役、德蘇戰爭以及盟軍對意大利和法國北部諾曼地登陸作戰等，最終抵達德國本土，歐洲戰場上的戰鬥也隨之結束。這一系列的戰鬥進程，實際上就是裝甲戰術的發展縮影。

而且，古德里安等人在大戰前所構思出的理想裝甲師團編制，在第二次世界大戰結束後的冷戰時代，才在各國的軍隊中逐一實現。

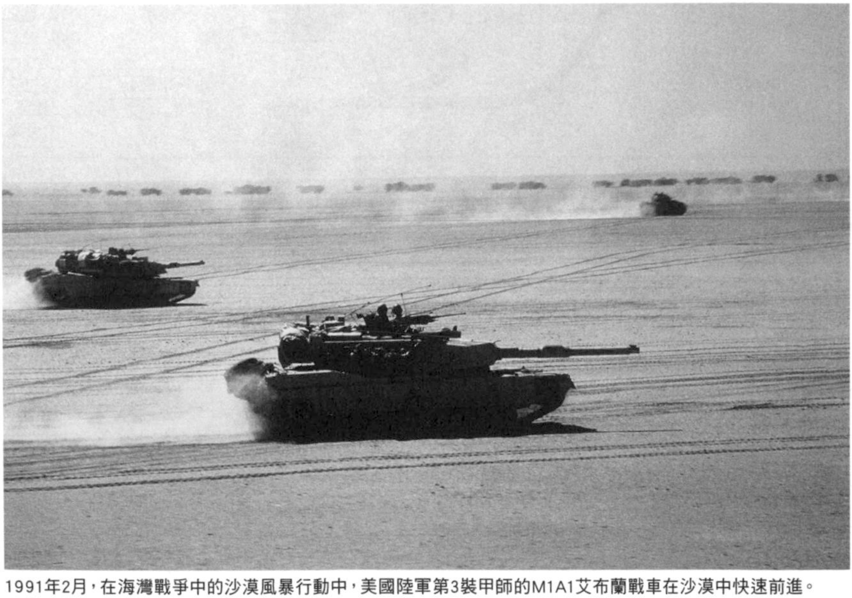

1991年2月，在海灣戰爭中的沙漠風暴行動中，美國陸軍第3裝甲師的M1A1艾布蘭戰車在沙漠中快速前進。在右後方可以看到M2布拉德利步兵戰鬥車。

第三部

砲兵部隊

丁
丙
乙
甲
直屬大隊Ⓒ
助攻
直屬大隊Ⓑ
聯隊戰鬥地境
直屬大隊Ⓐ
全面支援中隊
FDC
FDC
FO
主攻
109
105
106
101
104
103
102
108
107

火炮的基礎知識

本章將主要介紹第二次世界大戰期間各主要國家的砲兵部隊，特別是步兵師團下轄的砲兵部隊。

在進入正題之前，我們首先簡單介紹一下火炮和彈藥方面的基礎知識，這對於瞭解各項火砲操作是必要的。

首先，火炮有各種的類型。

最傳統的火炮分類方法是根據炮管的長度和彈道來作區分。提到「口徑」一詞時，它指的不是炮管的內徑，而是指炮管的長度是炮管內徑的幾倍。更準確的說法是──口徑長。例如，一門口徑為50㎜、炮管長度為1米（1000㎜）的火炮，其炮管長度是口徑的20倍，因此稱為20口徑50㎜砲。

大致來說，炮管長度在20口徑以下的火炮稱為迫擊砲或臼砲（Mortat），口徑在20～30之間的稱為榴彈砲（Howitzer），30以上的稱為加農砲或僅稱加農（Gun或

德軍砲兵使用稱為「螃蟹眼鏡」的砲兵望遠鏡（大型雙筒望遠鏡）進行射彈觀測。

Cannon。但是Gun一詞也用於泛指所有類型的槍砲，Cannon則多用於除了小口徑槍械外的所有火炮）。然而，在蘇軍中，即使是以長炮管進行榴彈砲式操作的加農砲也被稱為加農榴彈砲（Gun-Howitzer）；現在即使是50口徑的長炮管火炮，只要是進行榴彈砲式的操作，通常都稱作榴彈砲。由於不同國家、不同時代分類方式可能有很大差異，需要特別注意。

迫擊砲、榴彈砲和加農砲的彈道特性如下：迫擊砲通常以45度以上的角度發射，彈道呈高拋物線；加農砲則以相對較小的角度發射，彈道較低；榴彈砲則介於兩者之間，畫出的彈道較為曲折。各類型彈丸離開炮管的速度，即初速關係如下：迫擊砲的初速最低，加

德國軍的17釐米加農炮。口徑為172.5mm，口徑長為47，戰鬥重量為17.5噸，射程可達29,600米的重型加農炮，由師級以上的軍團直轄的重砲部隊操作。

蘇聯的軍司令部直轄砲兵聯隊配備的152mm榴彈砲ML20。口徑為152mm，口徑長為29，戰鬥重量為7.27噸，射程為17,230米，也稱為加農榴彈砲（Gun-Howitzer）。

農砲的初速最高，榴彈砲則位於中間。

一般而言，高初速且彈道較平直，較不易受到側風影響的，命中精度自然較高。而高初速也意味著砲彈在發射時具有較大的能量，因此炮身的各部分就必須做得更加堅固。加農砲雖然具有高的命中精度，但重量也較大；相反地，迫擊砲的命中精度可能不是很高，但相對於口徑來說，它的重量較為輕巧。正是基於這些特性，才衍生出了各種用途的火炮。

除此之外，還有特殊的火炮類型如無後座力砲（Recoilless Rufle/Recoilless Gun）或火箭彈發射器（Rocket Launcher）。無後座力砲是在彈藥發射時將讓發射氣體朝砲口的相反方向噴出，以抵消作用力的裝置。火箭彈發射器則不是從砲管發射砲彈，而是依靠火箭彈自身的推進力來飛行。另外，大多數的迫擊砲都是從砲口進行彈藥投放的前裝式（Muzzle Loader）裝填，但在砲兵部隊所使用的大口徑迫擊砲中，也有像一般火炮那樣從砲尾的閉鎖機構進行彈藥裝填的後裝式（Breech Loader）迫擊砲或臼砲。

其他還有將火炮分為固定式（安裝於等固定位置）和移動式（野戰用），並根據移動方式進一步分

德軍發射54釐米或60釐米巨型砲彈的卡爾自走迫擊砲。砲身有60釐米和54釐米兩種，照片中是54釐米砲。54釐米砲的口徑長是11.5，60釐米砲的口徑長是8.45，都是非常粗短的砲身，射程分別是54釐米砲達10,060m，60釐米砲則只有4,320m。

為由馬匹或牽引車拖曳的牽引砲、可拆解並由馬匹或騾子運送的馱載砲，以及能自行移動的自走砲。也有根據口徑或重量將火炮分為輕砲、中砲、重砲等類型的，例如，在美軍中，口徑115㎜以下、重量3噸以內的稱為輕砲；口徑155㎜以內、重量8噸以內的稱為中砲；口徑210㎜以內、重量22噸以內的稱為重砲；口徑超過210㎜、重量超過22噸的則稱為超重砲。

砲彈、引信、裝藥的基礎知識

接下來讓我們來看看和砲彈、引信、裝藥相關的知識。

砲彈有多種類型，包括榴彈（High Explosive，HE）、穿甲彈（Armour Piercing，AP）、煙霧彈（Smoke Shell，SMK）、照明彈（Illuminating Shell，ILL）等，根據用途進行選用。對敵方陣地進行射擊時通常會使用榴彈。榴彈是指彈殼內填充有讓砲彈爆炸的火藥（炸藥），通過引信啟動爆炸，將爆風和碎片四散開來，造成人員和牲畜的傷亡。穿甲彈用於貫穿裝甲，煙霧彈用於製造煙幕，照明彈則用於夜間照明。

引信是用來在需要的時間和地點引爆砲彈的裝置。根據裝配的位置可分為彈頭引信和彈底引信。按功能分，有在彈丸命中時觸發的接觸引信、預設時間在空中觸發的時限引信、發射雷達波在接近目標或地面時觸發的VT引信等的特殊引信，也有將這些功能結合起來的多功能引信。多功能引信可以在時限機制未觸發或在觸發前就落地時啟動接觸機制，能防止未爆彈的產生。

接觸引信可以細分為幾乎與命中同時（約萬分之一～萬分之五秒後）觸發的瞬間引信，以及稍有延遲（約百分之一～百分之十五秒後）觸發的延遲引信（因結構上的原因，和彈頭引信相比彈底引信的觸發具有微小的延遲，即使是無延期的引信不屬於瞬間引信，而是屬於既非瞬間也非延遲的無延期引信）。另外，也有可以簡單切換瞬間和延遲模式的引信，可根據目標情況進行選擇。例如，目標是厚實的掩體陣地，這時讓砲彈在地面深處爆炸會更具效果，因此會選擇延遲引信。

時限引信有2種類型：一是利用火藥的燃燒時間來控制作動秒時的火道式，和利用計時器來控制作動秒時的時鐘式。成本上，火道式比較便宜，時鐘式的秒時設定更為精準。隨著火炮的發展，射程越來越長，砲彈的飛行時間也變長了，這時就需要設定更長的秒時，火道式的精度無法滿足這樣的需求，最終就被時鐘式所取代。

順帶一提，對引信進行秒時設置的動作稱為「切引信」，這源於早期使用火道引信時，通過切斷導火線來設置作動秒時的做法，大戰期間使用的時限引信則是通過「旋轉」計時板來設置作動秒時的。此外，使用時限引信或VT引信使榴彈在空中爆炸的射擊稱為「曳火射擊」，這也是源於早期點燃砲彈的導火線來進行發射的做法。

進行榴彈射擊時，主要使用接觸引信。有時也會使用時限引信或VT引信進行曳火射擊，讓榴彈在空中炸裂，從頭頂上方對壕溝內的步兵投下爆風和砲片，或迫使敵方坦克關閉艙蓋以限制其視野、降低戰鬥效率。

裝藥是指發射砲彈所用的火藥、藥袋等組件的總稱。在固定彈中，裝藥已與砲彈固定在一起

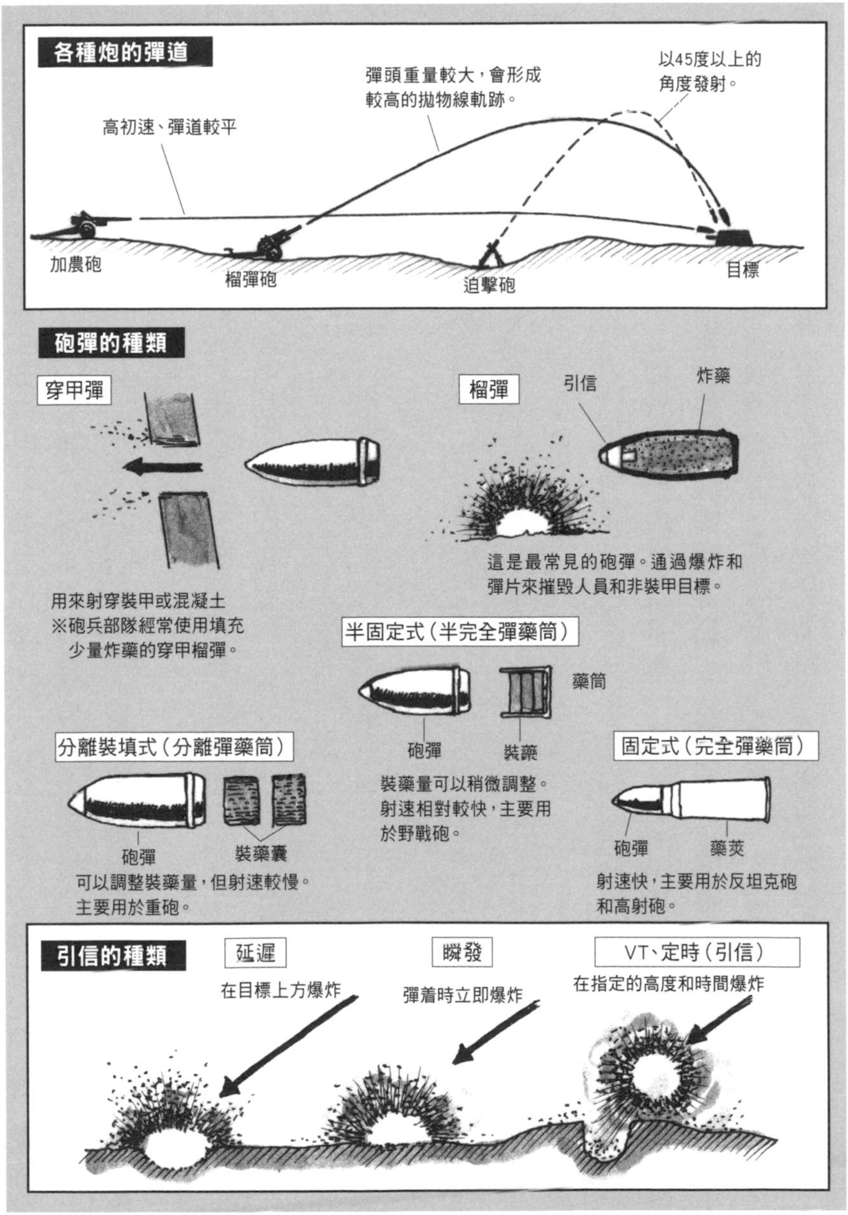
各種炮的彈道
高初速、彈道較平
彈頭重量較大，會形成
較高的拋物線軌跡。
以45度以上的
角度發射。
加農砲
榴彈砲
迫擊砲
目標
砲彈的種類
穿甲彈
用來射穿裝甲或混凝土
※砲兵部隊經常使用填充
少量炸藥的穿甲榴彈。
榴彈
引信
炸藥
這是最常見的砲彈。通過爆炸和
彈片來摧毀人員和非裝甲目標。
半固定式（半完全彈藥筒）
藥筒
砲彈
裝藥
裝藥量可以稍微調整。
射速相對較快，主要用
於野戰砲。
分離裝填式（分離彈藥筒）
砲彈
裝藥囊
可以調整裝藥量，但射速較慢。
主要用於重砲。
固定式（完全彈藥筒）
砲彈
藥莢
射速快，主要用於反坦克砲
和高射砲。
引信的種類
延遲
在目標上方爆炸
瞬發
彈着時立即爆炸
VT、定時（引信）
在指定的高度和時間爆炸

了，在裝填時無法調整裝藥量。在半固定彈或分離裝填彈中，藥筒與砲彈並未固定在一起，或根本就沒有藥筒，可以分開來裝填。這就可以在裝填時通過調整裝藥量來大致調整射程的大小，這種調整裝藥量的方式稱為「裝藥編合」，在大戰中使用的榴彈砲大多可以進行裝藥編合，因為使用的是分離裝填式或半固定彈。

增加裝藥量可以延長射程，但會增加反作用力，因此需要更堅固的砲架和閉鎖機。因此，同口徑的火砲中，射程長的通常比射程短的重量要大一些。基本上，射程和重量是相互制約的。

砲兵部隊的編制

關於硬體的說明就先說到這裡，現在讓我們簡單介紹一下各主要國家的砲兵編制。

步兵師團通常包含一個聯隊規模的師團砲兵部隊。屬於師團砲兵的砲兵大隊可以分為兩種：一是負責與敵方砲兵進行砲戰、支援師團全面戰鬥的全面支援（General Support, GS）大隊；另一種是負責對各步兵聯隊提供火力支援的直接支援（Direct Support, DS）大隊。

GS大隊通常只有一個，裝備著比其他大隊射程更長、威力更大的火砲。而DS大隊則裝備較小口徑、更輕便的火砲，通常會根據同一師團下轄的步兵聯隊數量來設置相同數量的DS大隊。不過，在英軍的師團砲兵中並沒有GS大隊，而是直屬於砲兵指揮部下，與步兵旅（實質上相當於聯隊規模）數量相同的砲兵聯隊（實質上是大隊規模），以及反坦克砲聯隊和高射砲聯隊。

每個砲兵大隊通常包含3個左右的砲兵中隊（Battery），每個中隊裝備4～6門火砲（有時是2～8門）。砲兵部隊的炮擊活動是以這些中隊為單位來進行的。如前所述，由於火砲的彈道特性不同，因此至少要在中隊層級保持火砲的統一，以便可以根據相同的射擊數據來進行射擊。

就裝備火砲而言，DS大隊在德軍和美軍中配有105㎜榴彈砲（這裡說的榴彈砲是指後述的野戰火砲中口徑較大的火砲），英軍則

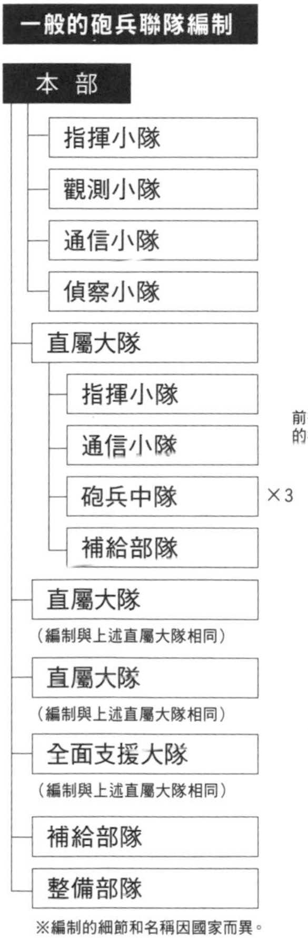

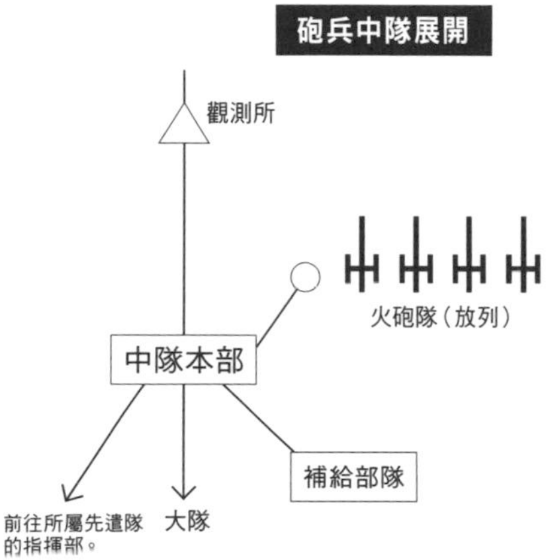

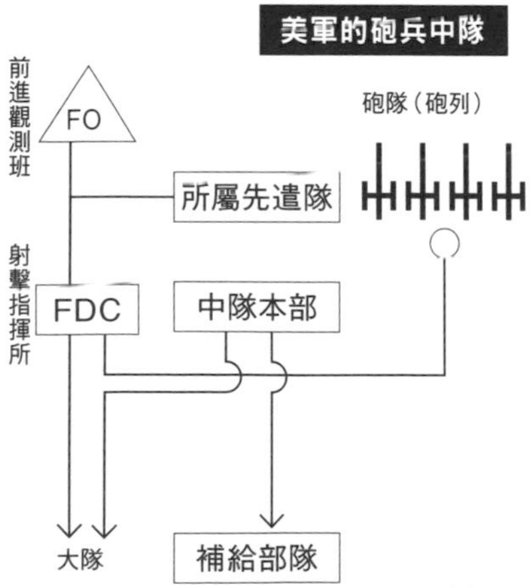

砲兵需要完整的觀測、射擊、補給、指揮結構以及連接這些的通信系統才能進行戰鬥。其最小單位是中隊。砲兵中隊也稱作「電池」（Battery），就像棒球中的投手和捕手一樣，代表了「一套」的意思。

裝配88㎜的25磅砲，蘇軍則配備76.2㎜野戰火砲（主要用於發射榴彈，其砲架多數附有車輪），日軍則配置75㎜口徑的野戰砲或山地炮（可以分解並由騾馬運載，適合山地作戰的輕便野戰火砲）。在德軍和美軍中，GS大隊通常配有155㎜榴彈砲，在蘇軍中則是152或122㎜榴彈砲，在日軍中則配備105㎜榴彈砲或山地炮（步兵師團大多配備以山地炮為主力的山砲兵聯隊，或是以野戰砲為主力的野砲兵聯隊，分別稱為山砲師團或馱馬編制師團、野砲師團或輓馬編制師團）。師團砲兵的裝備編制，根據國家、時期或是部隊各有不同，存在相當大的差異，也會根據戰況增加獨立砲兵部隊的火力配置。

隸屬於步兵師團的師團砲兵所裝備的火砲基本上都是牽引砲。由於日軍在道路基礎設施貧弱的中國大陸作戰時間較長，所以有不少的師團是以馱載砲為主力的山砲兵聯隊。美軍和英軍相對較早開始使用牽引車或卡車作為牽引的方式，而德軍和日軍則到最後都是以馬匹牽引或馱載為主。擁有豐富各式牽引車的美軍，對於火砲的重量不是很在意，會將重點放在火力和射程上。而以馬匹為主要運載方式的德軍和日軍，為了保持砲兵部隊的機動性，必須限制火砲的總重量，這造成火力和射程上很大的劣勢。

大口徑大重量的加農砲、攻城用的重砲、特殊火箭砲等，無論是哪個國家的軍隊，通常都會將其配備在獨立的砲兵聯隊或砲兵大隊中，並作為軍團或軍直屬、甚至是直屬於方面軍的砲兵部隊，將其投入特別重要的戰區。這是因為這些火砲需要藉由大型牽引車才能進行移動，且補給大口徑的砲彈、大量的裝藥都需要特別大量的勞力；或是需要補給特殊的火箭彈。

砲兵部隊的展開和射擊準備

接下來我們將講解砲兵部隊的運用，首先是部隊的展開和射擊準備。

砲兵部隊需要從後方的集結地移動到前線，佔領選定的射擊陣地，以便在炮擊開始前將前線納入射程範圍內。如果是編制了牽引車的砲兵部隊，在進行點檢和暖機後就可以開始移動了；但馱馬編制或輓馬編制的砲兵部隊不僅本身的移動速度慢，還需要給軍馬飲水、餵食草料等，比起車輛牽引需要更多的手續。隨著各國逐步實現機械化（有些國家這一進程一直持續到第二次世界大戰之

美軍步兵師的師級砲兵全面支援（GS）大隊運用的155mm榴彈砲M1。
口徑為155mm，口徑長為24.5，戰鬥重量5.6噸，最大射程為14,600米。

德國軍級砲兵的GS大隊，運用的15釐米重野戰榴彈砲sFH18。
口徑為149mm，口徑長為29.5，戰鬥重量5.5噸，最大射程為13,325米。

後），馬匹牽引自然而然就被淘汰了。

可以比較在日軍中的汽車牽引和馬匹牽引的砲兵部隊的行軍速度，以白天行軍為例，汽車牽引可以達到最大20公里／小時，燈火管制下的夜間行軍則為6公里／小時；馬匹牽引即使是急行也僅能到達10公里／小時，夜間行軍則為8公里／小時的標準速度。

行軍中的隊伍長度（即行軍長徑），以蘇軍為例，一個裝有彈藥等小型行李的野砲大隊約為1100米，砲兵聯隊則為3800米。砲兵部隊以細長的隊形移動時，幾乎沒有戰鬥力。在東線戰爭初期，許多蘇聯砲兵部隊在行進中被突破防線的德軍裝甲部隊所狙擊，在行軍隊形下遭到摧毀。即便是火力強大的砲兵部隊，若是在行軍中遭遇攻擊那也是無力還擊的。

射擊陣地必須避開鬆軟的地面，以便能將支撐火砲的駐鋤牢牢地打入地面，還要選擇無大樹等視線阻礙物、有足夠空間讓部隊展開的地點。架設砲座前必須先整地才能使砲架保持水平，必要時還得鋪設木板或鐵板以確保水平。根據環境需要挖掘防護壕，並在頭上鋪設迷彩網。

蘇聯紅軍師級砲兵的GS大隊，配備122mm榴彈砲M-30。口徑為121.9mm，口徑長為21.9，戰鬥重量2.45噸，最大射程11,800米。

以美軍為例，即使在修築最小工事和迷彩的情況下，裝備105㎜榴彈砲的中隊也需要7～20分鐘、大隊則需40分鐘至1小時才能完成陣地占領。若是裝備155㎜榴彈砲的中隊則需要10～30分鐘、同樣的大隊則需1小時至1小時40分鐘。夜間作業則需更長的時間。

射擊陣地會設置彈藥集積所，並保持一定的間隔以避免引爆，從彈藥運輸車卸下並集積彈藥。使用的彈藥越多，集積彈藥所需的時間也就越長。從火力發揮的角度來看，發射的彈丸越多越好；但若花費過多時間在彈藥集積上，可能會給防守方足夠的時間來鞏固陣

英國的軍級砲兵直接支援（DS）大隊，使用QF 25磅砲。
口徑為87.6㎜，口徑長為31，戰鬥重量約1.6噸，最大射程12,253米。

頭頂上裝有偽裝網的美軍8英寸（203㎜）榴彈砲M115。

地。堅固的防禦工事即使經過數日甚至數週的連續炮擊也難以將其完全摧毀，這一點從第一次世界大戰的戰訓中已經獲得驗證。炮擊的效果不僅取決於攻擊方的火力大小，還取決於敵方的防禦能力。

關於火炮的射擊方法，有兩種：一是使用安裝在火炮上的瞄準鏡直接對準目標進行射擊的直接瞄準射擊；另一種是通過觀察員的指引，間接對準目標進行射擊的觀測（間接瞄準）射擊。各主要國家的炮兵部隊大多採用觀測射擊，從無法被步兵或坦克部隊觀測到的後方進行炮擊。但大戰中的蘇軍則經常以野炮部隊實施直接射擊；其原因是１９３０年代的大清洗和東線戰爭初期喪失了許多炮兵軍官，導致觀測射擊的能力大幅降低。除了建立了如後述系統的美軍外，精準的觀測射擊需要仰賴受過專門教育和訓練的炮兵軍官。

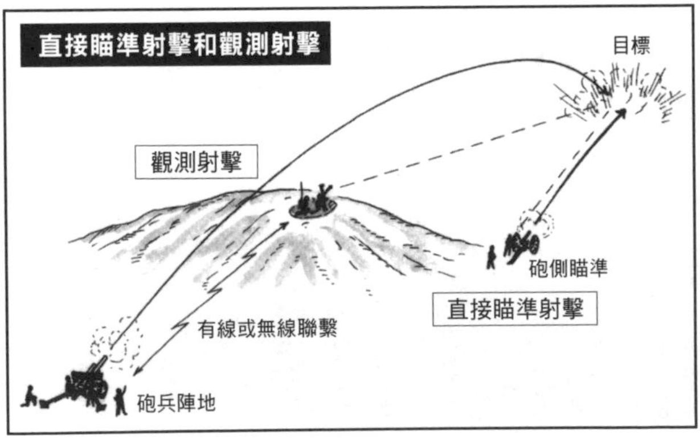

進行觀測射擊時，需要在能夠輕易觀察到目標區的地方設立觀測所。通常情況下，炮兵部隊的指揮部會有一個觀測小組。除了美軍以外，炮兵部隊的大隊長或中隊長常會帶領觀測小組到視野良好的山丘上建立觀測所並指揮炮擊。能夠俯瞰戰場的高地稱為「指揮高地」，往往成為敵我雙方的爭奪目標。是否能在容易觀測到彈着點的指揮高地上設立觀測所，對於炮兵的火力發揮有著極大的影響，因此，即使需要付出一些代價也值得確保。

如果無法在可以一覽無遺地看到目標區的地方設置觀測所，就需要設立多個觀測所彼此互補，以減少觀測死角。在已經確保制空權的情況下，可以派遣攜帶觀測軍官的觀測機從空中進行觀測。相反的，如果是敵方掌握了制空權，那麼我方的觀測機將會受到排除，進行空中觀測的將會是敵方的觀測機。制空權的獲得對於炮兵的射擊也會有重大的影響。

除了前述的觀測所之外，美軍還會設立一個指揮整個部隊的射擊指揮所（Fire Direction Center 簡稱FDC）。前進觀測員（Forward Observer，簡稱FO）可能會先行登上管制高地，或是隨同前線步兵部隊，或乘坐觀測機，將觀測結果回報給射擊指揮所。煩瑣的射擊參數調整則交由駐守在ＦＤＣ的專業人員負責，因此，不會像其他各國那樣仰賴受過專門教育的砲兵軍官來進行觀測。射擊參數的調整可以通過地圖上的坐標系統輕鬆完成。可能有讀者看過美國電視劇《戰鬥部隊》（Combat），其中有個場景是步兵班長以無線電向ＦＤＣ報告地圖坐標和修正量，要求在攻擊前先用煙霧彈進行掩護。即使是普通的步兵小隊也能迅速請求師團砲兵的火力支援，這是美軍作戰能力的一大優勢。

觀測所、射擊指揮所和射擊部隊之間需要通過通信網絡時刻

日本陸軍師級砲兵的DS大隊，使用的機動九十式野砲。口徑75mm，口徑長38.4，戰鬥重量1.6噸，最大射程14,000米。初速快且具有優秀的裝甲貫穿力，稍作改良後安裝在三式中型戰車上作為主砲。

保持聯繫；通信如果中斷就無法更改瞄準。大戰期間主要使用有線電話來進行通訊聯繫，但為了預防敵方砲火造成斷線或被敵軍切斷，最好多重化通信線路。

砲兵部隊需要同時進行設立觀測所和佔領射擊陣地等工作，並測量各觀測所或射擊陣地到目標區的距離、方位角和高低角等，基於這些數據算出火砲的方位角和俯仰角等射擊參數。計算射擊參數需要考慮到風向、風速、影響空氣阻力的氣溫和氣壓、影響發射藥燃燒速度和初速的裝藥溫度，以及長距離射擊時因地球自轉所帶來的影響（科氏力）等複雜的因素，即使是受過專門教育的砲兵軍官也需要相當長的時間來計算。以日軍為例，砲兵聯隊大約需要進行11小時的計算，大隊級別的計算也需要約10小時左右。也就是說，幾乎需要半天的時間才能準備好相關的工作。如果師團主力突破成功，且需要將砲兵部隊以及觀測所或射擊陣地往前移，那麼又得再花半天的時間重新進行計算。

與步兵部隊相比，砲兵部隊不僅裝備成本高，維持運作所需的費用也相當高，如大量的馬匹和汽車、訓練消耗的彈藥，以及更換磨損的砲管等。砲兵軍官不僅需要具備火砲和彈藥的工程學知識，還需要瞭解與測量和射擊參數相關的數學知識。在教育水平較低的國家，這些都是非常珍貴的人才。對於士兵的教育和訓練也需要相當長的時間。儘管如此，在戰場上一次炮擊準備就需要這麼多的手續和時間；因此，相比於步兵，砲兵可說是相當奢侈的兵種。對於經濟能力有限的國家而言，忽視砲兵、依賴步兵戰力也是情有可原的。

觀測射擊的程序

現在終於進行到完成射擊準備了，接下來就是本節的主題——砲兵射擊。首先是師團砲兵的觀測射擊。

測量方法——戰鬥始於測量——

為了使砲彈精確命中目標，需要確定我方與敵方的相對位置。特別是在進行看不見敵人的遠距離觀測射擊時，精確測量是絕對必要的。下圖為基本的測量方法，組合這些方法來進行測量。

主要的測量器材

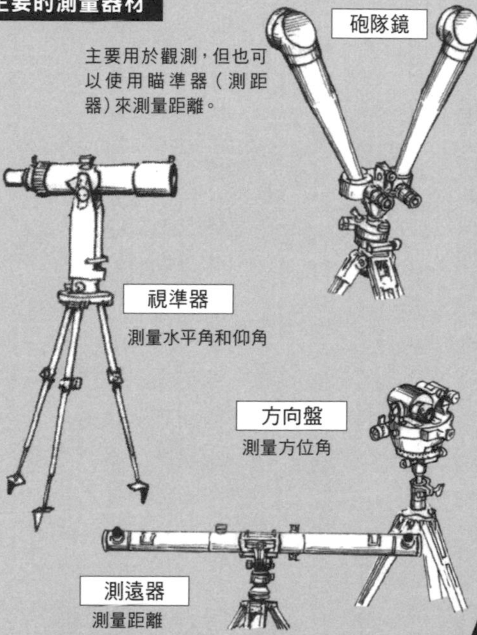

主要用於觀測，但也可以使用瞄準器（測距器）來測量距離。

測量水平角和仰角

測量方位角

測量距離

除了這些，還有方位儀、六分儀、捲尺和測角器等測量設備。

後方交會法

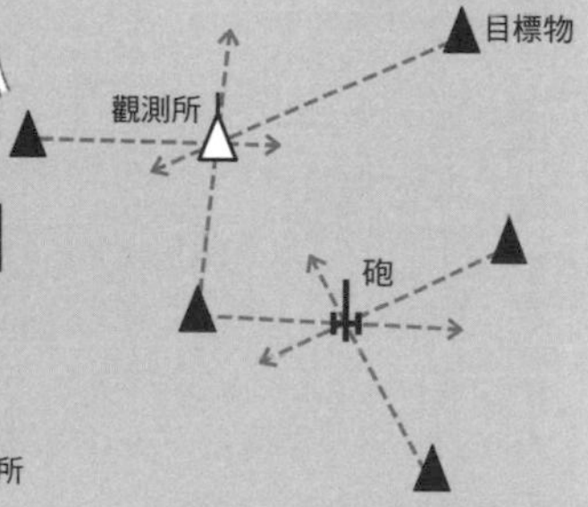

在地圖上的地標和地形上，從可見目標引導出的三線交點即為自身位置。

前方交會法

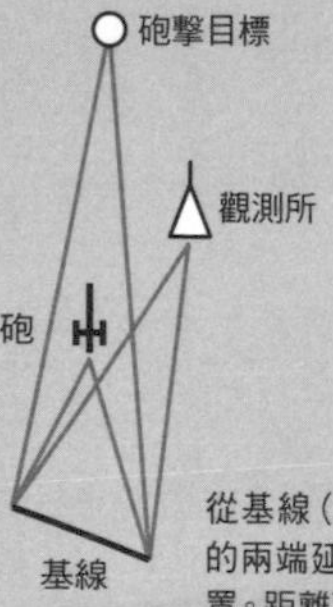

從基線（在圖上繪製的虛構基準線）的兩端延伸至目標的交點即為目標位置。距離可用三角函數求得。

導線法（橫向法）

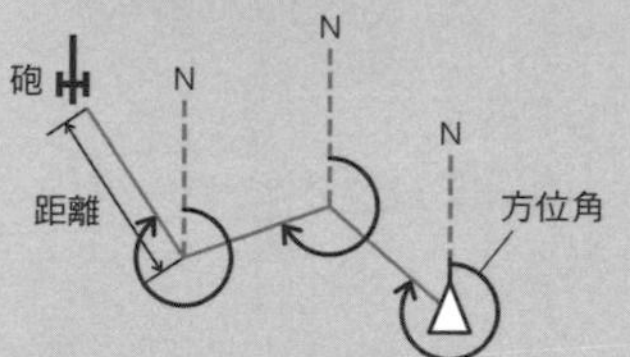

從測量原點引出線路（進行橫斷）來確定位置。

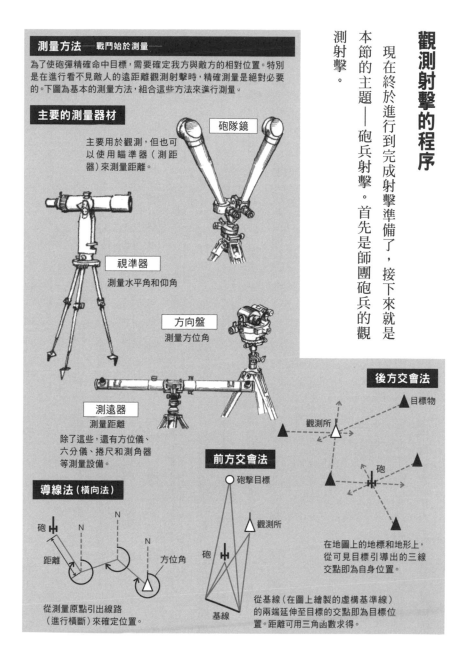

觀測射擊通常包括「試射」、「修正射」和「效力射」三個階段。首先，作為射擊部隊基準的基準炮會根據事先計算出的射擊參數對目標進行「試射」。但這發炮彈幾乎不可能精確命中目標，因為在射擊的過程中總會存在一些即使藉由複雜計算也難以涵蓋的不確定因素。

觀測員會觀察彈着點，判斷前後左右的偏差，並向射擊指揮所、砲兵大隊甚至是聯隊本部報告。根據觀測結果，射擊指揮所的計算人員或觀測軍官會自己修正射擊參數，再傳達給基準炮，然後改變砲管的方位角和俯仰角進行「修正射」。如果未命中目標區域，則會再次修正射擊參數直到命中為止。一旦精確命中目標區域後，會根據這些射擊參數調整各個砲位的差異，進行部隊級別的全面射擊──「效力射」。觀測員會觀察效力射的射擊效果，並向射擊指揮所或隊本部報告。如果確認已經得到足夠的射擊效果、完成任務，則會宣布炮擊結束。

細節可能會因國家或時期而有所差異，但試射、修正射、效力射這些基本流程大致相同。然而，在陣地防禦時如果已經對目標區域進行了詳細的試射，或是在緊急情況下，有時會略過試射和修正射，直接進行效力射。

砲兵戰鬥的意義

一般來說，砲兵部隊的戰鬥往往從阻礙敵方砲兵部隊的火力發揮──反砲兵戰開始。正如蘇聯（赤軍）野戰教令中所說的：現代戰爭大部分是火力的鬥爭。現代戰爭本質上是火力戰，獲得火

由前進觀測員（FO）和射擊指揮所（FDC）進行射擊

現在世界各地炮兵部隊普遍採用的FO和FDC炮擊系統，是第二次世界大戰期間由美軍率先使用的。這個系統的創新之處，在於使用了「目標網格圖盤」。傳統上，經驗豐富的觀測官需要利用各種儀器進行複雜的計算來修正觀測站視野（觀測目標線）和射線（砲目線）之間的偏差（參見左側插圖）。然而，在FDC的目標網格圖盤中，只需將觀測員、目標和落彈點標記在圖盤上，再用線連接起來，觀測官就可以直接報告結果，在FDC上進行炮擊修正也變得更加簡單、快速。因此，以往難以實現的「應急目標射擊」（根據前線要求對未計劃目標進行射擊）和「緊急火力集中」（所有火砲，不管是屬於哪個部隊，針對射程內的同一目標進行射擊）成為可能 ，以應對前線的實際情況。

從砲線（射線）中心看到的著彈點
（實際上是看不見的）

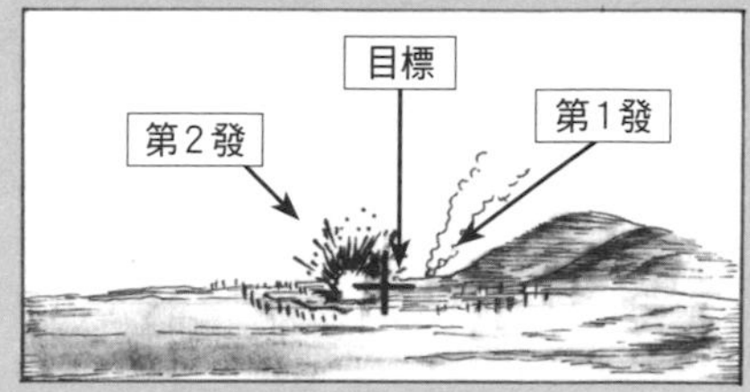

前進觀測員看到的著彈點

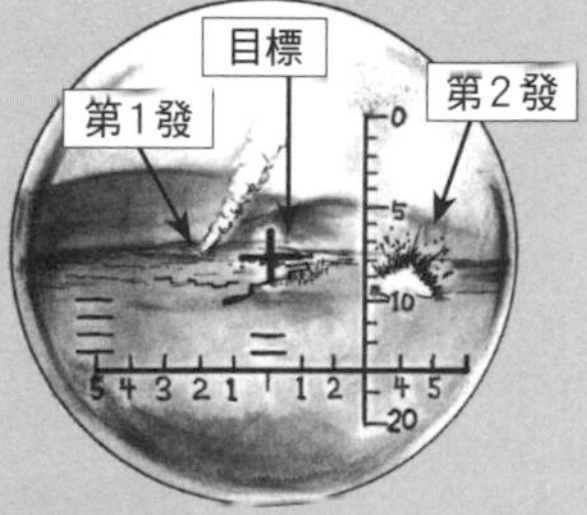

目標、砲、觀測點（OP）之間的關係

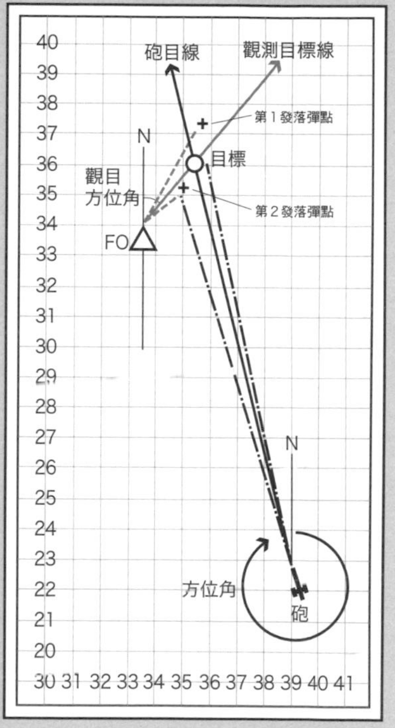

座標的閱讀法

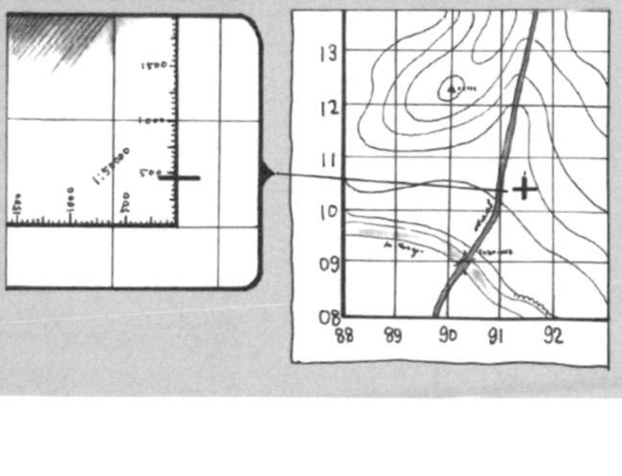

軍事地圖上會有東西、南北的線條，形成網格。通過這些線上的數字來表示位置（座標）。座標是按照橫軸和縱軸的順序讀取的六位數字。例如圖中的915105。使用座標尺可以達到八位數的精度，實際距離的精度達到10米。

美軍的FO小組和日軍的觀測所人員比較

美軍

觀測官	望遠鏡、地圖、指南針、尺等
通信手	背負式無線電話等
司機兼護衛	步槍

日軍

觀測小隊長	雙眼鏡、對數表、透明分割板、計算尺等
觀測下士	雙眼鏡、對數表、算盤、攜帶圖板等
觀測手	方向板、三腳架、標杆、旗幟、10米捲尺等
觀測手	尺規、長尺、金屬尺、三角分度器
觀測手	砲隊望遠鏡、三腳架、射擊板、指南針、傾斜計
通信手	有線電話、手旗、電纜
通信手	有線電話、手旗、電纜
通信手	纜線捲盤、纜線2捲
通信手	纜線捲盤、纜線2捲

力優勢具有決定性的重要性。因此，我方砲兵部隊的任務是要摧毀或至少阻礙敵方砲兵部隊的火力發揮。

具體來說，一旦敵方砲兵部隊開始射擊時，我方便可以通過觀察砲口火光來確定位置（火光標定），或利用砲聲來確定位置（聲音標定）等方式，來進行反砲兵射擊。反砲兵戰的主力，如果是師團砲兵，可能是裝備大口徑榴彈砲的GS大隊；如果是軍團或軍直屬的砲兵部隊，則可能是裝備長射程重加農砲的獨立砲兵大隊。

當敵方砲兵為了避免反砲兵射擊而進行陣地變換時，在重新準備好之前，他們將無法繼續發動砲擊。換句話說，如果能在反砲兵戰中壓制敵方的砲兵部隊，就能取得火力上的優勢，進而推進後續戰鬥的進行。

然而，無論是使用哪種標定法，都需要一定的時間；為了阻止敵方反炮擊造成的損害，砲兵部隊也會修築防禦工事。除非在兵力或火砲性能上具有絕對的差距，否則反砲兵戰很難迅速結束。一旦陷入僵局，砲兵部隊就需要在持續進行反砲兵戰的同時，展開對我方的步兵部隊或坦克部隊等近接戰鬥部隊的支援炮擊。進行支援炮擊的主力通常是裝備輕便小口徑榴彈砲的師團砲兵DS大隊。

如果砲兵部隊能在砲兵戰中取得優勢，那麼近接戰鬥部隊將會受到較少的砲兵炮擊；而敵方的近接戰鬥部隊則會因為我方的炮擊增加而受到更大壓制，從而讓我方能在戰鬥中占據優勢。簡而言之，砲兵戰的結果直接關係到近接戰鬥的勝負。這正是「現代戰爭大部分是火力的鬥爭」這句話所要表達的意義。

陣地攻擊時的砲兵戰鬥

現在，讓我們來詳細瞭解砲兵戰鬥的具體流程，以陣地攻擊為例。

攻擊方的砲兵部隊在近接戰鬥部隊開始前進前所進行的炮擊稱為——攻擊準備射擊。通常情況下，這種準備射擊會以消滅或壓制防守方的砲兵部隊為目標的對砲兵戰，同時也會對設置在敵陣前的鐵絲網等障礙物進行破壞射擊。例如，要完全摧毀寬10米、深10米的網型或屋頂型鐵絲網，在射程5千米的情況下，使用7.5㎝級的榴彈炮大約需要400發，使用15㎝級的榴彈炮則需要約200發左右。

防守方的砲兵部隊則會開始進行準備破壞射擊，以妨礙攻擊方的準備工作。在與攻擊方進行對砲兵戰的同時，對集結中的敵近接戰鬥部隊進行打擊或壓制射擊。如果能在這一階段壓制住攻擊方的砲兵部隊，並在對砲兵戰中取得優勢、進一步壓制攻擊方的近接戰鬥部隊，就可能使

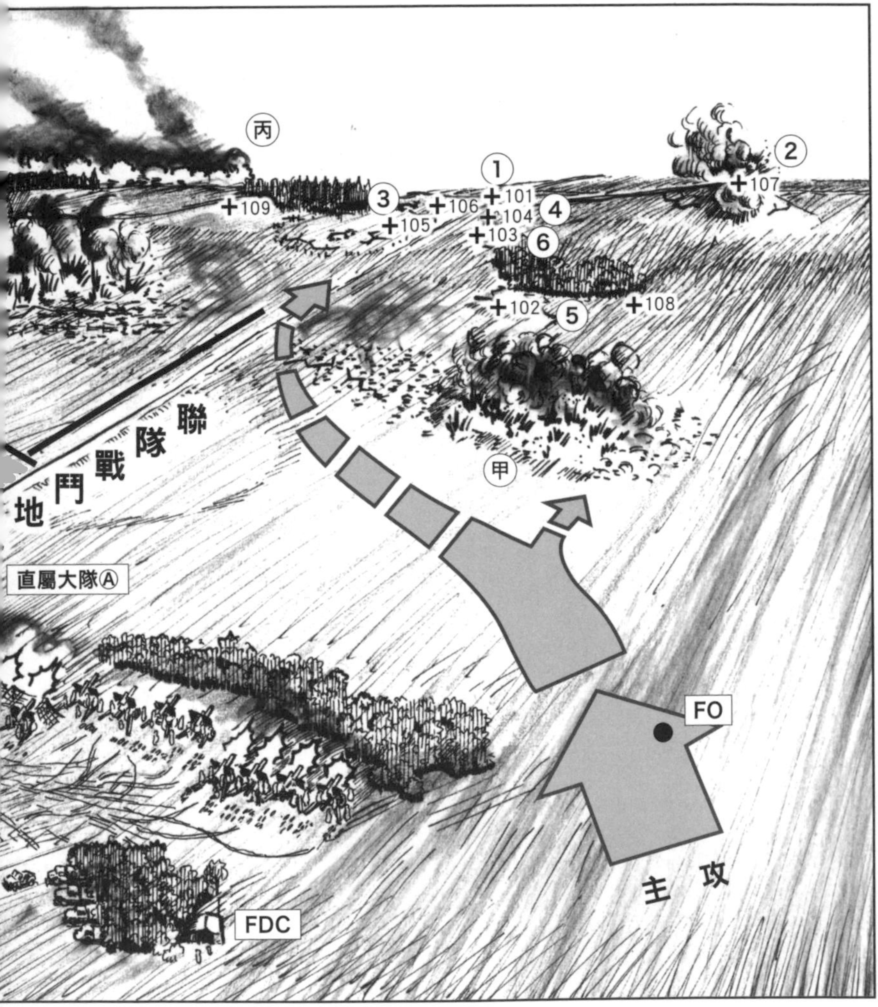

丙
1
2
3
4
5
6
+101
+102
+103
+104
+105
+106
+107
+108
+109
聯隊戰鬥地
直屬大隊Ⓐ
甲
FO
主攻
FDC

師團砲兵的攻擊支援射擊

插圖展示了師級砲兵部隊的陣地攻擊支援。各直屬大隊正對敵人的第一線「甲」和「乙」進行炮擊。沒有掩體的B和C大隊，以及A大隊的左翼中隊覆蓋了偽裝網。前方全體支援中隊的任務是支援主攻部隊迅速突破，因此目標是敵方砲兵觀測所和第二線防禦陣地。十字表示目標，三位數字是目標號碼（見175頁圖表），圓形數字表示炮擊順序。炮擊優先順序是根據師級作戰計劃仔細制定的。目標108和109是火力集中點，預計敵人會出現或集結的地方。「丙」表示以長距離重砲轟擊的敵方重砲陣地。如果因距離和地形關係而無法進行觀測時，則由「丁」飛機進行觀測。

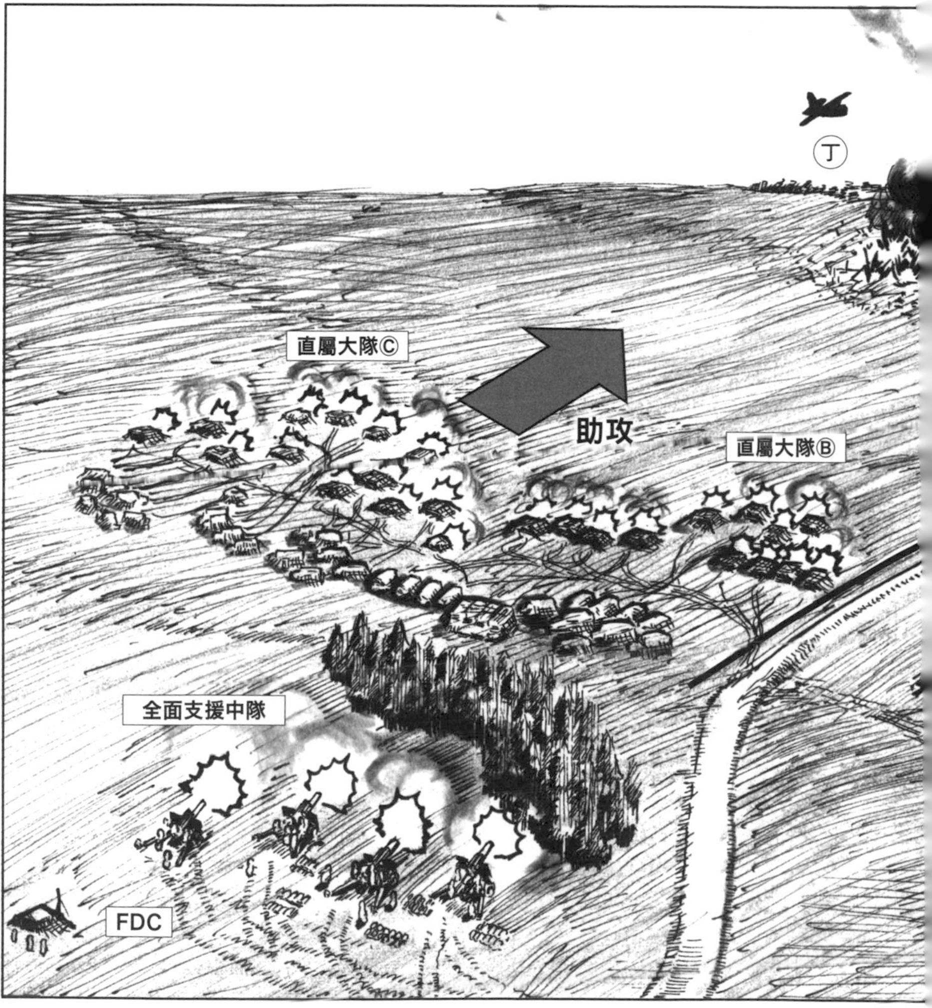

攻擊計劃受阻。在此假設防守方的砲火未能奏效，攻擊仍持續進行。

接下來，攻擊方的砲兵部隊會對防守方近接戰鬥部隊的所在陣地進行旨在摧毀或壓制的射擊。需要的彈藥量取決於防守方陣地的堅固程度，無法一概而論。直到第一次世界大戰中期，非常重視摧毀防禦陣地和敵軍力量的破壞射擊，但當德軍意識到堅固陣地即使經過長時間的炮擊仍然很難將其完全摧毀後；在大戰後期，轉而重視短時間內進行猛烈的射擊以混亂防禦部隊，使其暫時失去抵抗力的無力化射擊。到了第二次世界大戰，各主要國家通常不再像第一次世界大戰時那樣，在攻擊前對防禦陣地進行長時間的炮擊，而是進行相對短時間的集中炮擊。

當火炮進行長時間的連續射擊時，為了防止砲管過熱，需要限制射速。相反的，如果在短時間內完成射擊，則可以以更快的速度進行連續發射。以美軍的105㎜榴彈砲M2A1為例，在以最大裝藥進行射擊時，最初3分鐘內的射速為每分鐘10發，10分鐘內為40發（每分鐘4發），30分鐘內為80發（每分鐘2.7發），超過這個時間的持續射擊則以每小時120發（每分鐘2發）為基準。155㎜榴彈砲M1在最初的3分鐘內的射速為每分鐘4發，10分鐘內為30發（每分鐘3發），30分鐘內使用最大裝藥時為45發（每分鐘1.5發），持續射擊則以每小時60發（每分鐘1發）為基準。也就是說，在非常短的時間內進行射擊可以發揮出3～5倍持續射擊的火力。這也是為何要在短時間內完成炮擊的原因之一。

當攻擊方的近接戰鬥部隊開始前進時，攻擊方的砲兵部隊就會進行攻擊前進支援射擊。在攻擊縱深陣地時，則會隨著近接戰鬥部隊的前進將射擊區域向前移動，稱為移動彈幕射擊。攻擊

射擊圖表

為了能在接到命令後迅速進行炮擊，各單位需要製作射擊圖表。這三點是模仿中隊本部（射擊指揮所）使用的（簡化版）圖表。目標會被賦予數字（有時也使用符號或代碼），當這個編號通知給砲列時，砲兵單位會按照事先準備好的參數（也有根據各砲修正的參數），將各砲口指向目標。

寫景圖

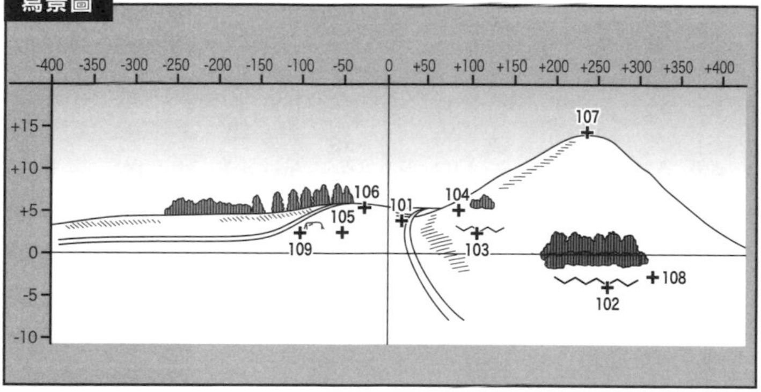

左圖是所謂的寫景圖，是一種軍用草圖，其中標記了目標。數字是以6400等分的圓周角度（單位為密爾）來計算的，以基準砲的尾線為基準，向右是加號，向左是減號。因為1密爾在1000米處代表1米的開度，所以可以根據目標的高度來推算距離。

※在插圖中，高度以1密爾來表示，並強調了高度。

目標諸元表

M.G＝機槍

	目標名稱	座標	目標高	方向角	射距離	彈種	信管	射法
①	101標點	348239	+5	右35	16,600	煙	瞬發	試射（一距離）
⑤	102塹壕	326190	- 5	右266	12,500	榴	瞬發 曳火	彈幕（壓制）
⑥	103塹壕	333214	+3	右106	13,900	榴	瞬發 曳火	彈幕（壓制）
④	104M.G	335217	+7	右88	14,200	榴	瞬發	集中（壓制）
③	105掩體	311227	+3	左50	12,750	徹甲/榴	遲發	集中（破壞）
⑦	106掩蔽壕	321230	+7	左25	13,850	榴	遲發	集中（破壞）
②	107觀測所	352205	+22	左248	15,200	榴/煙	瞬發	集中（破壞）
	108火力集中點	335185	- 3	右320	12,850			
	109火力集中點	310231	+3	左100	13,300			

目標高度是以基準砲的高度為0米的值，圓形數字是對應插圖的編號。

射擊圖

這是一張記錄了目標以及到目標的水平距離和方位角的圖。目標位置以座標表示。（圖中的數字代表目標編號）

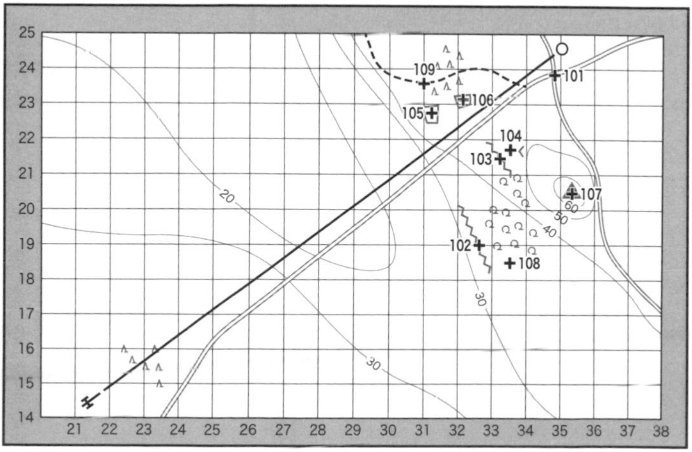

部隊會逐一攻擊剛被炮擊過的敵方陣地，但由於彈幕會按照預定的攻擊計畫向更深處移動，所以有時可能會出現彈幕與近接戰鬥部隊的進展不同步，導致彈幕落在正在攻擊的陣地後方。

與此同時，防守方的砲兵部隊會進行阻止射擊，以阻止敵方近接戰鬥部隊前進。比起駐守在防禦陣地上的步兵部隊，前進中的步兵要脆弱得多。要消滅暴露在1公頃（100米見方）區域上的人員，以75㎜級的野戰砲或山砲來說，需要100～150發；150㎜級的榴彈砲則需要40～60發。如果只是壓制的話，75㎜的野戰砲或山砲需要以每分鐘15～16發，150㎜榴彈砲則是每分鐘5～6發，持續射擊約3分鐘。光是暴露在外的人員都需要這麼多的砲彈才能消滅，可想而知，要消滅那些藏在厚厚掩體裡的步兵絕非易事。

攻擊方和防守方的砲兵部隊在進行射擊的同時，還會進行阻止射擊，以阻止對方的增援部隊移動。根據日軍的參考資料，要完全切斷某地點的交通，75㎜的野砲或山砲需要1小時約200發的彈藥，100㎜級的加農砲約需160發。

當陣地攻擊進入最終階段時，攻擊方的砲兵部隊會執行支援近接戰鬥部隊突擊的突擊支援射擊。隨著最後一輪砲彈落下，攻擊方的近接戰鬥部隊便會發起突擊。對此，防守方的砲兵部隊則會發射所有的可用彈藥進行突擊破壞射擊，以粉碎突擊行動。然而，要在攻擊部隊發起突擊時，同時展開炮擊，是極其困難的。

以上大致就是陣地攻擊時砲兵戰鬥的流程。

射擊法

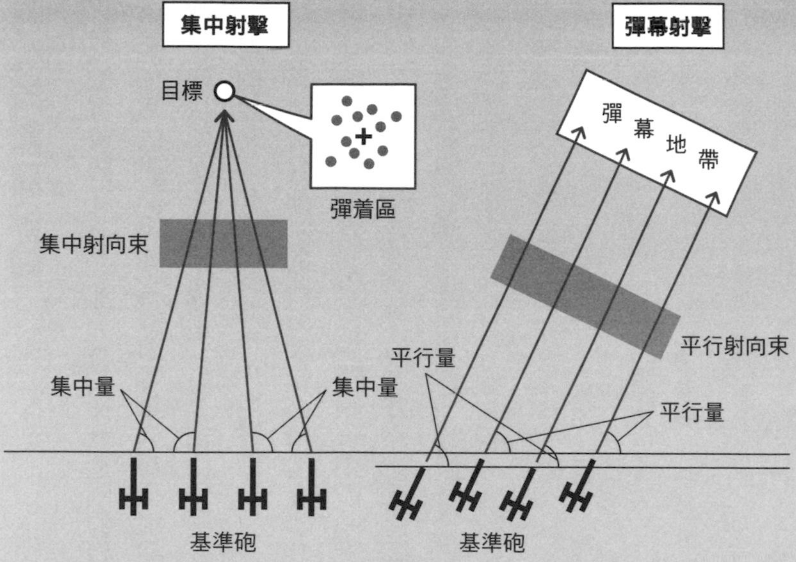

射擊方法大致可分為「集中射擊」和「彈幕射擊」。圖中的「基準砲」是用於測量和射擊參數，其他砲的參數需根據此基準砲進行調整；但由於位置各不相同，因此需要進行相應的修正。集中射擊需要集中量，彈幕射擊則需要平行量。射線束稱為「射向束」。

彈着修正（夾叉法）

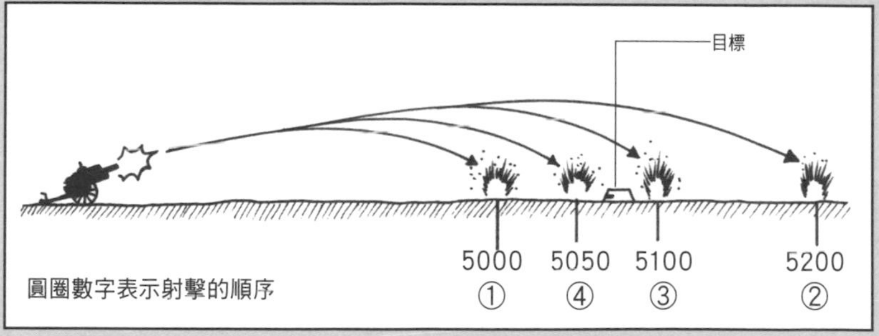

彈着點如圖所示，如果首次落在前方100米，那麼下一次就要射向更遠200米的地方，並圍繞目標進行調整。距離每次增減一半。用一門砲進行的試射稱為「單距離試射」。

砲兵部隊所需具備的

無論是攻擊方或防守方，都不可能擁有無限的砲兵戰力，因此，不一定能夠執行前述的所有炮擊。砲兵部隊的射擊指揮官必須考量到每個射擊目標的重要性，並根據戰機適時分配砲兵火力。此外，砲兵部隊必須嚴格按照射擊指揮官的命令，才能迅速地投入火力。

「在必要的地點、必要的時間提供必要的火力」

這可以說是對砲兵部隊的所有要求。筆者在步兵部隊的最後提到「火力與移動」是戰術的本質，而砲兵部隊正是負責「火力與移動」中的「火力」部分的單位。只有當砲兵部隊能夠在必要的地點、必要的時間提供必要的火力時，近接戰鬥部隊的移動才成為可能。因此，砲兵部隊是戰鬥中不可或缺的一環，也正因如此，儘管維持的成本高昂，但各國仍持續保持其運作。

第四部

實戰篇

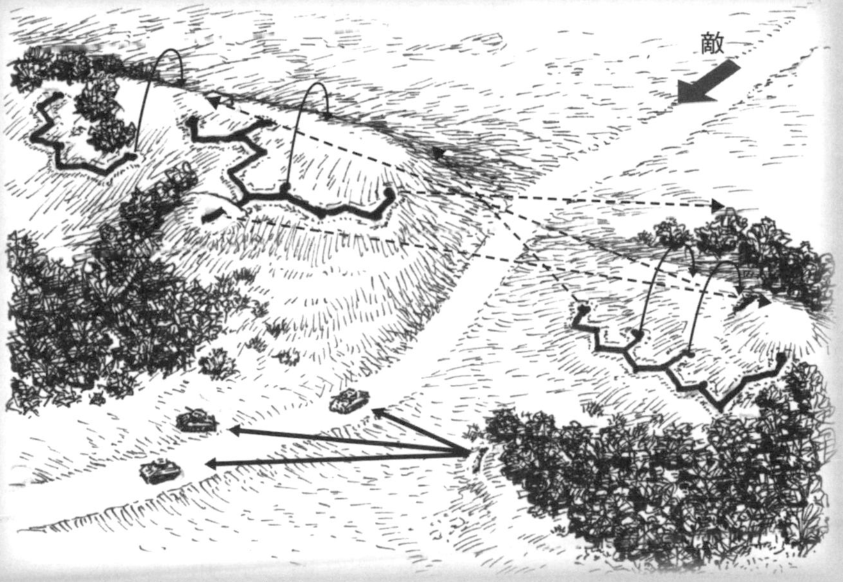

軍事術語背後的含義

發表在軍事雜誌上的戰史文章中，經常不經意地使用了各種軍事術語，像是突破、包圍、迂迴、追擊、奇襲、遭遇戰、機動防禦等等……。

這些詞語各有其深刻的意義，背後是各國軍人視為理所當然的戰術原理和原則。知道與不知道這些術語，對於理解文章的內容會有很大的差異。

因此，在這一部分，我們不再像以前那樣對第二次世界大戰期間各主要國家的軍隊裝備、編制，以及教範中的戰術進行解說，而是從概念上闡述戰術上的原理和基本軍事術語的含義。

但請理解，接下來所敘述的僅是原則，且存在許多例外情況，為了易於理解，專業術語有時會被轉換成一般的表達方式，或者會有所省略。

實際上，在日本，隨著時代變化軍事術語的實質意義也在變化，新的用法不斷增加，甚至有些已經成為廢詞了。因此，以下的描述並非絕對，只是作者個人的一種解釋。

在此基礎上，如果您在其他書籍或資料中發現不一樣的地方，希望您能進一步探討這些差異產生的原因。

第1章 攻擊

戰場的選擇權在防守方！
——地形的重要——

那麼，讓我們先來談談戰場是怎麼決定的。

顯而易見，只有進攻方是不會發生戰鬥的。如果沒有防守方，進攻方只會向無人的野地前進。即使存在防守方，如果他們選擇避免與進攻部隊接觸並提前撤退的話，戰鬥也不會發生。總而言之，是否在某個地方進行戰鬥的選擇權，進一步來說，選擇在哪裡作為戰場其決定權基本上是在防守方。這裡說「基本上」是因為雙方也有機會是在意料之外的地點相遇，並開始戰鬥的。這種戰鬥稱為遭遇戰或是意外戰，我們會在稍後提到。

回到正題，防守方的指揮官在選擇戰場時，首先考慮到的是戰場的地形。通常，火力較弱的防守方會選擇對進攻部隊不利、對防守部隊有利的地形，並利用地勢等待進攻方的到來。

例如，相較於在平地上構建陣地，部署在可以向接近的敵軍進行射擊的丘陵上顯然更有利。此外，視野良好的丘陵也非常適合砲兵觀測，對砲兵部隊的火力發揮很有利。山區作戰時，在兩側被山夾著的狹路（瓶頸地形）出口部署防守部隊，可以集中打擊無法在狹路中展開的敵軍，從而阻止敵軍的進攻。簡而言之，就是要考慮那些敵軍難以發揮火力和機動力、我方卻容易發揮火力和機動力的地形。

這些對戰鬥有重大影響的地形（如丘陵、狹路口等），稱為「關鍵地形」。英文稱為Key Terrain，確實是戰場上的關鍵地形。防守方會盡可能地保有這些關鍵地形的控制權，而進攻方則會試圖奪取。因此，激烈的戰鬥往往會圍繞著關鍵地形展開。

但關鍵地形的價值會因攻擊方和防守方的各自任務或裝備等因素而出現變化。在第二次世界大戰中，許多大規模的戰鬥都是以裝甲部隊為主力，因此，防守方常會在裝甲部隊難以發揮戰力的地形上構築防禦陣地。具體來說，就是充分利用山地、荒地、茂密森林或河流

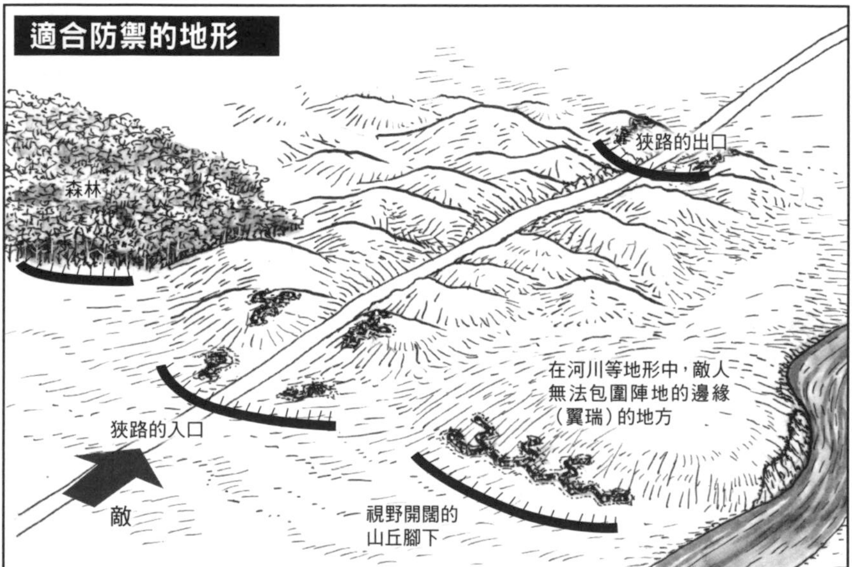

適合防禦的地形是指不利於敵方戰力優勢發揮的地形。例如：隘路可以阻礙敵方發揮兵力優勢，而像森林這樣的「錯綜複雜地形」可以分割敵方的綜合力。然而，每種地形都有其優劣之處。森林視野不佳，難以發揮火力；相反，山丘下則容易讓敵方發揮火力。總之，重要的是考慮哪種地形適合在特定時刻完成任務。

等地形來構築防禦陣地。

攻擊部隊會避開山地等坦克、裝甲車難以行進的地形來接近陣地，這讓防守方能在一定程度上預測攻擊會來自於何方，並控制通往目標的關鍵地形，這樣就能利用反坦克炮開展有效的防禦作戰。此外，設置反坦克地雷或反坦克壕等人造障礙物，也可以限定敵軍的接近路徑，引導其攻擊方向，或是直接妨礙攻擊的進行。

由此可見，戰場的選擇自然而然受到戰術的限制。再者，任何合格的指揮官都能一眼看出哪些是關鍵地形，並推測出通往這些關鍵地形的路徑。

在戰前和戰爭期間的日本，負責製作地圖的是陸軍參謀本部的陸地測量部（現為國土地理院），即使是現在，也有不少國家的軍事相關組織仍在製作地圖，這是因為精確的地圖對於戰術上的判斷至關重要。由此可見，地形在戰術上的重要性。

攻擊方應追求迂迴！

—消除地形和準備上的優勢—

對於攻擊方來說，主動進入對防守方有利的地形顯然是不利的。理想情況下，應該選擇有利於己方戰力發揮的地區；即使無法做到這一點，也應該選擇沒有明顯優劣差異的地區；或至少是在防守方沒有準備的地區進行戰鬥。因此，攻擊方應避免直接攻擊防守方的正面，而應該繞到防守方的準備區後方。這就是所謂的「迂迴」。

順帶一提，「包圍」乍看之下與迂迴相似，但它指的是在原地將防守方包圍起來的行動。迂迴是在攻擊方選擇的地點進行戰鬥，而包圍則是讓防守方選擇戰場。因此，從「誰選擇戰場」的角度來看，包圍和迂迴在本質上是完全不同的戰術行動。

即使攻擊方採取了迂迴戰術，但如果防守方不迎戰，那麼戰鬥就不會發生在攻擊方選擇的地點上。因此，在進行迂迴時，需要選擇一個讓防守方不得不放棄準備好的陣地來迎戰的地點。例如：防守部隊後方的橋樑是其補給線通過的地方，如果失去該橋樑的控制權，將會對防守方的戰力產生重大影響，因此當攻擊方的部隊迂迴到那裡時，防守方就必須做出應對。

反過來說，如果防守方被攻擊方成功迂迴的話，那麼他們就會失去選擇戰場和事先準備的優勢，因此防守方就需要選擇一個攻擊方一定要進攻的地點。例如，控制某個交叉路口的山丘，攻擊方如果不佔領該處就無法向目標前進。

即便是因為移動路徑受到限制，主力部隊難以展開，這時攻擊方也應該尋求可以進行迂迴的小部隊來進行迂迴。如果該地點對防守方來說至關重要，那麼即使是小部隊的迂迴也能發揮相當大的效果。

為了防止迂迴行動被防守方攔截，首先要做到隱藏、不被敵人察覺，即使被敵人發現了也要將防守方的主力部隊拖入戰鬥中。最重要的是迂迴部隊要能夠快速行動，先於防守方做出反應。此外，部分兵力遠離主力部隊進行迂迴行動，由於難以獲得支援，因此迂迴部隊至少要具備不輕易被敵人各個擊破的戰力。

高機動力和戰鬥力兼備的裝甲部隊非常適合執行迂迴任務。如果能夠通過道路進行迂迴，那麼具備高道路機動力的機械化部隊也是個合適的選擇。在大規模的攻擊作戰中，如果迂迴地點適合空降，那麼空降部隊也是一個選項。現代戰爭中，藉由直升機進行空中機動已經相當普遍了。空中機動的優勢在於，即使地面有大河或濕地，也可以無視地形障礙繼續前進。

迂迴攻擊

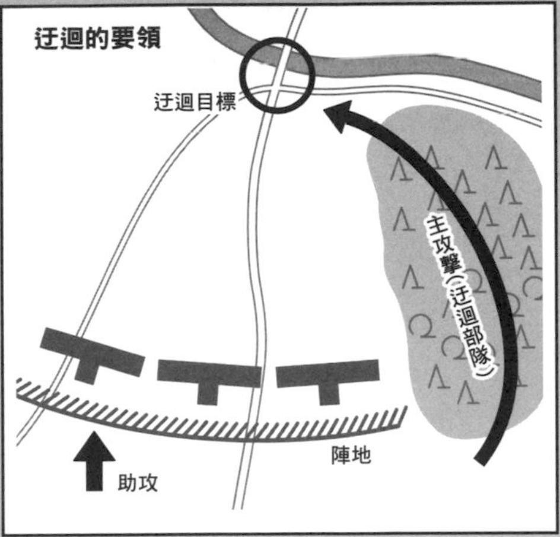

迂迴攻擊的目的是讓敵人感到如此痛苦，以至於他們不得不放棄已經準備好的陣地。此外，主攻部隊的機動性與輔助部隊能夠欺騙和拘束敵人的能力也是一個重要因素。

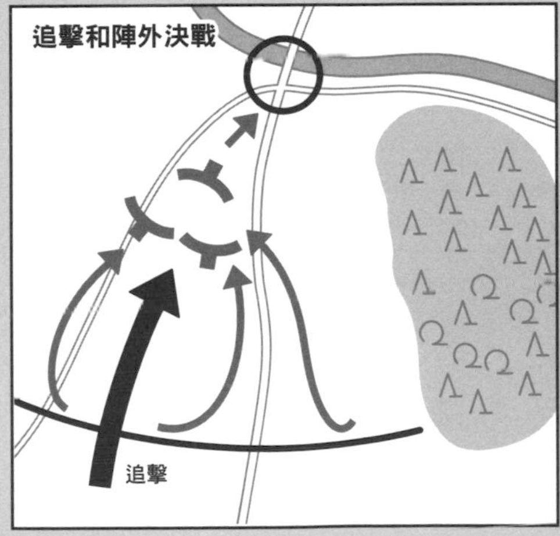

一旦迂迴成功，輔助部隊應立即追擊正在後撤的敵人。現在的重點不再是敵人的「陣地」，而是要利用兵力上的優勢消滅敵人。如果像圖中所示，以小部隊進行迂迴，則應在迂迴部隊能夠對抗後撤敵人時將其殲滅。

一旦攻擊部隊迂迴成功，就必須立即發起攻擊，不給已經離開陣地的防守部隊有準備時間。否則，即使防守方失去了地形上的優勢，迂迴的效果也會大打折扣。畢竟，進行迂迴的目的是什麼——在防守方未準備好的情況下發起攻擊——絕不能忘記。

搶佔先機，確保關鍵地形！

——掌握戰場選擇權——

在遭遇戰中，雙方在未確定戰場的情況下展開了戰鬥。

這種遭遇戰分為完全出乎意料的情況，和某種程度上有預期到戰鬥會發生的情況，特別將前者稱為「不期遭遇戰」。值得一提的是，在現代戰爭中，由於偵察手段的發展，尤其是大規模部隊之間的戰鬥很少是不期遭遇戰。

在遭遇戰中，敵我雙方基本上都是在不希望發生戰鬥的地方展開戰鬥的，因此雙方都沒有地形上或準備上的優勢或劣勢。此時雙方會選擇對發揮己方戰鬥有利，或是對敵軍不利的地區作為戰場，並在那裡進行戰鬥。

如果能事先選定可能會與敵軍遭遇的地區，則可以派遣部分兵力提前進行戰鬥準備；如果能某種程度上掌握敵軍行動，則可以通過長距離炮擊或空中攻擊來干擾敵軍移動，或是讓我方部隊進行強行軍，以改變遭遇地點。

通常，在部隊移動時會在主力部隊前方配置掩護主力推進的掩護部隊（Covering Force，CF）或是負責對敵警戒的前衛部隊。因此，戰鬥通常是從雙方的掩護部隊或前衛部隊發現並接觸敵人開始的。

此時，臨時戰場基本上可以說已經確定了，所以掩護部隊需要在弄清敵人兵力和部署情況的同時，先於敵人佔領並確保附近的關鍵地形。必要時還要攻擊並牽制敵軍；同時確保我方主力部隊的行動自由，並引導敵軍到我方希望的地點。後續的戰鬥能否順利進行，取決於掩護部隊能否實現這些行動。因此，掩護部隊的指揮官需要具備迅速做出判斷和執行的能力，以便搶得先機。

而主力部隊的指揮官在觀察掩護部隊的戰鬥進程時，必須銳利地洞察到後續的發展，並作出準確的判斷。在瞬息萬變的遭遇戰中，比起事前的周密準備和縝密計

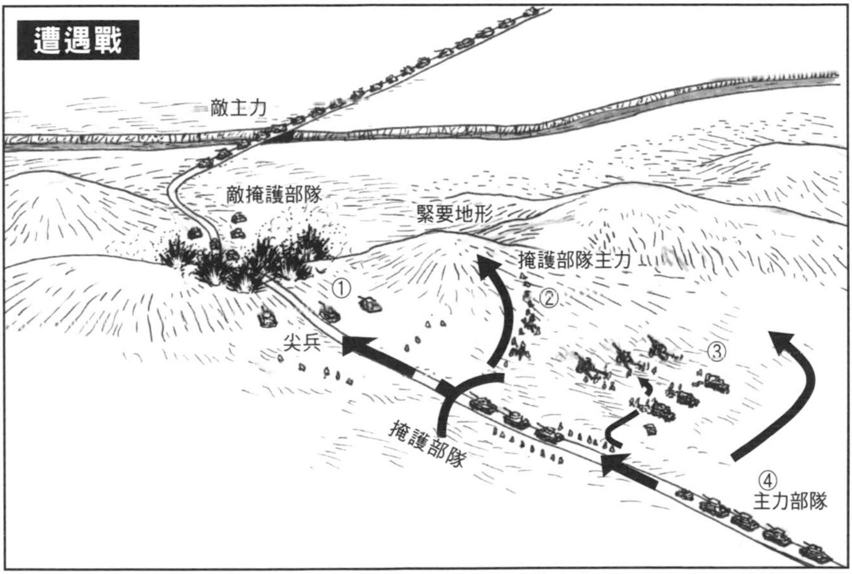

①當先鋒接觸到敵人時，掩護部隊的指揮官應立即掌握情況，④並提供支援以使主力部隊進入戰鬥狀態。根據插圖，②掩護部隊主力應該奪取在山脊對面，能夠俯瞰到橋樑的「關鍵地形」。③掩護部隊的砲兵應快速部署，支援先鋒的戰鬥和掩護部隊主力。這樣可以控制山脊，使後續的戰鬥處於有利地位。

畫，當場做出決策才是關鍵。需要考慮的因素有：部署主力部隊需要多少時間、掩護部隊是否能在主力部隊部署好之前確保關鍵地形、敵方主力部隊的部署狀況、當時敵我雙方的位置關係及當地的地形……等。

無論是遭遇戰還是預期戰，防守方希望在對自己有利、對敵方不利的地方進行戰鬥，而攻擊方則希望在防守方未做準備的戰場進行戰鬥。總之，攻守雙方都希望能在對自己有利的戰場上進行戰鬥。所以，掌握戰場選擇權就是掌握戰鬥*主動權的第一步。

攻擊方應追求包圍殲滅！

──從側翼和背後發動攻擊──

攻擊方在無法迂迴或是迂迴不一定有利的情況下，應該進行「包圍」行動。包圍是指將防守方的主力部隊固定於正面，同時以主力部隊從側面或背後發起攻擊，切斷其退路並進行殲滅。為了實現這一目標，攻擊的目標應該是可以切斷防守方退路的地點。

一般來說，防守方的正面比較容易建立起牢固的防禦，而側面和背後則較容易成為弱點。以在平地上佈置左翼、右翼和中央陣地的情況為例，來做解釋就比較容易瞭解：當正面受到攻擊時，中央陣地可以得到左右兩翼的支援；若攻擊來自側面時，最多只能得到相鄰的中央陣地的支援。情況惡化時，左右兩翼還必須各自獨立作戰。如果被包圍，甚至連背後也遭到攻擊時，那麼守軍的心理壓力就會大增。因為後方的聯絡路線被切斷了，補給和增援無法到達，與指揮

*在日本的陸上自衛隊中，有時會使用「主動權」這個詞來對應「被動」，表示主動行動而不是被動應對。

部的聯絡也可能出現問題。如果是士氣低落的部隊，可能就會在這時候選擇投降。

如果被包圍的敵軍部隊投降了，除了自殺者外，可以將所有人俘虜，並收繳所有的裝備。即使是遭受重大損失而後撤的部隊，只要指揮官、士兵和裝備充足，短時間內就可以重建；但被敵人包圍殲滅的部隊就失去了重建的基礎，需要從零開始。培養需要專業教育的砲兵軍士官需要大量的時間和費用，培養優秀的參謀或高級指揮官更是耗資巨大。因此，包圍殲滅對敵人造成的打擊是非常巨大的。

具體來說，包圍行動的內容如下：

首先，攻擊方會派遣一部分的兵力從正面發起進攻，吸引守軍的主力部隊，使其固定在原地。攻擊方的主力部隊則會展現其機動力，突擊防守方較為脆弱的側翼，並繞到側背。如果能從左右兩翼同時繞到背後，就能形成雙翼包圍；只從一側繞到背後，則形成單翼包圍。這樣就能捕捉防守部隊了。

然而，如果完全切斷敵人的退路可能會激起敵人拼死抵抗的意志，因此有時候會故意留下一條退路。在這種情況下，當敵軍開始撤退、具組織性的抵抗變弱時，再發動全面攻擊將其擊潰。即是目標是佔領該區，優先於對敵軍造成打擊時，也可以使用同樣的策略——故意留下退路以誘使敵軍撤退。

由主力部隊執行以達到決定性效果的攻擊稱為「主攻」或「主攻擊」，為了協助主攻而由部分兵力執行的攻擊則稱為「助攻」或「助攻擊」。在包圍戰中，旨在制約防守方主力部隊的是助攻，而旨在完成對防守方的包圍則是主攻。這時，主攻和助攻應該要保持能夠相互支援的距離，以避免被各個擊破。

對於防守方來說，為了避免攻擊方的主力部隊繞到側背，會執行「延翼」行動——將側翼部隊橫向展開。可能的話，甚至會進行反包圍。也就是說，攻防雙方都在爭奪彼此的翼側。在這種情況下，擁有較高機動性的一方將取得優勢地位。因此，在包圍戰中，保有高機動力的預備部隊至關重要。

到第一次世界大戰為止，所謂的高機動力部隊指的是騎兵，但自第二次世界大戰以後，改由裝甲部隊取而代之。裝甲部隊不僅具有高機動力，還兼具高戰鬥力，非常適合作為預備部隊。無論是攻擊方還是防守方，裝甲預備部隊一直都具有非常重要的價值。

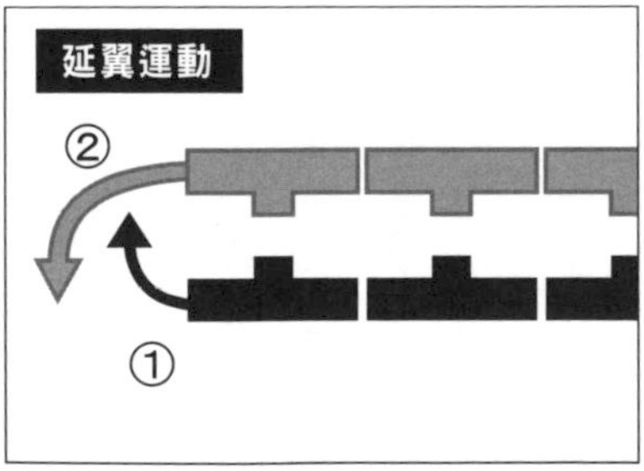

①當我方採取行動圍困敵人時，敵人也會試圖逆向包圍我方的包圍翼，這種相互不斷反覆的情況會使戰線往橫向延伸，稱為延翼運動。當雙方兵力和機動力相當時，延翼運動很容易發生。

突破敵人戰線！

—以包圍殲滅為目標—

順帶一提，所謂的戰線是指第一線戰鬥部隊的連續排列。例如，步兵師的戰線是由下轄的各步兵聯隊構成；而這些聯隊的戰線又是由下轄的各步兵大隊組成；大隊的戰線則是由下轄的各步兵中隊構成。前線的步兵中隊或小隊會派出小隊規模的巡邏隊或幾名斥候進行最前線的警戒。

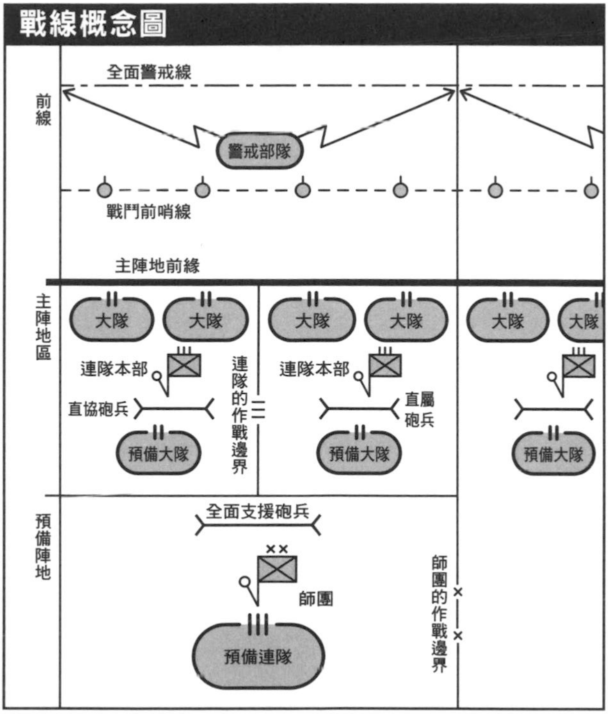

地圖上所繪製的戰線是一條線，但實際上是由部隊緊密組成的帶狀區域。在圖示的3單位編制部隊下，其中2個會部署在前線，另一個則是預備部隊，因此戰線呈現出三角形的排列。

通常，各部隊的翼側都有鄰近部隊存在，因此不會有被突破或是較弱的翼側。包圍行動是針對防守方的解放翼或較弱翼側進行的，但如果已經形成堅固的戰線，攻擊方就需要通過攻擊來創造解放翼，進而達成包圍。

在第一次世界大戰的西部戰

線上，開戰初期德軍右翼的突進被聯軍阻止後，雙方為了避免被包圍而進行了延伸翼側的動作，最終形成了從多佛海峽延伸到瑞士邊境的連續戰線。這樣一來，雙方都不再有解放翼側，只能嘗試突破敵方戰線的正面進行攻擊。雖然突破不是最佳的策略，但卻是那種情況下最好的選擇。

突破是指攻擊部隊穿透防守方的戰線或防禦地帶。突破的目標是放在分裂防守方的組織性抵抗。與突破最大的差異在於，正面攻擊是對敵方正面進行廣泛且持續性的壓力攻擊，而突破則是在狹窄正面集中兵力進行如同用錐子鑽孔般的集中攻擊。

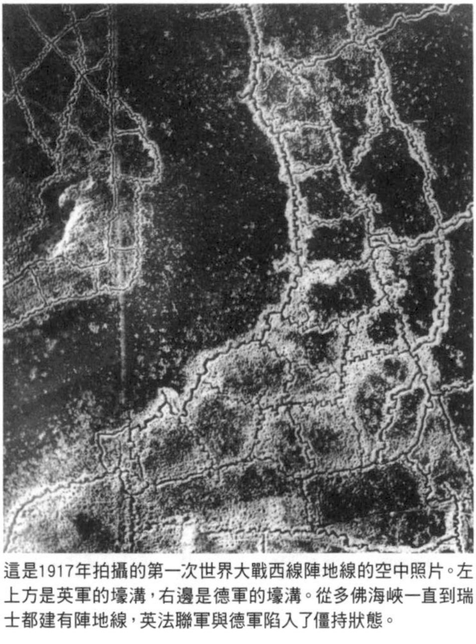

這是1917年拍攝的第一次世界大戰西線陣地線的空中照片。左上方是英軍的壕溝，右邊是德軍的壕溝。從多佛海峽一直到瑞士都建有陣地線，英法聯軍與德軍陷入了僵持狀態。

具體來說，突破行動的內容如下：

首先，助攻部隊會吸引並牽制防守方的主力部隊，避免使其轉向，直接面對來自正面的突破。即使是正面的突破，也會盡量瞄準防守較弱的部分，如果能創造出弱點當然更好。

另一方面，攻擊方的主力部隊會在狹窄的正面集中火，試圖打開突破口。對防守方來說，如果突破口越大就越難加以封鎖；但如果攻擊方過度擴大突破口，則可能因兵力密度降低而難以形成有效的突破。相反地，如果攻擊的正面太窄，雖然兵力密度會增加，但也會妨礙攻擊部隊的機動性。

在第二次世界大戰中，突破作戰的主力部隊通常都由裝甲部隊擔任。裝甲部隊在攻擊時能夠發揮震撼性的效果，非常適合執行突破任務。利用這種衝擊力，可以在主要防線上打開突破口。

突破口一旦形成，下一步就是擴大和保持突破口，並進一步攻擊突破目標。如果攻擊方能夠確保突破口側面的敵陣地，防守方就很難利用預備部隊來封閉突破口。保持和擴大突破口通常需要投入預備部隊或是接近突破口的助攻部隊。在第二次世界大戰期間，步兵部隊經常與反坦克炮部隊組合，投入到保持突破口的任務中。增強反坦克炮部隊是為了應對防守方可能投入的裝甲預備部隊。

在進行擴大突破口的同時，攻擊方的主力部隊會繼續向敵方戰線後方的攻擊目標發起衝鋒。當主力部隊筋疲力盡時，就會投入預備部隊以奪取目標。由於防守方也可能派出預備的裝甲部隊，因此必須格外小心。如果攻擊方的主力部隊是裝甲部隊，由於本身具有高度的反坦克能力，所以能獨立應付敵方的裝甲部隊。

當攻擊方奪取攻擊目標並成功分割防禦部隊後，也就是成功地創造了防禦部隊的解放翼，那麼他們將會進一步地擴大戰果，並致力於包圍殲滅。突破敵人戰線並不等於摧毀了敵軍部隊，

突破和包圍

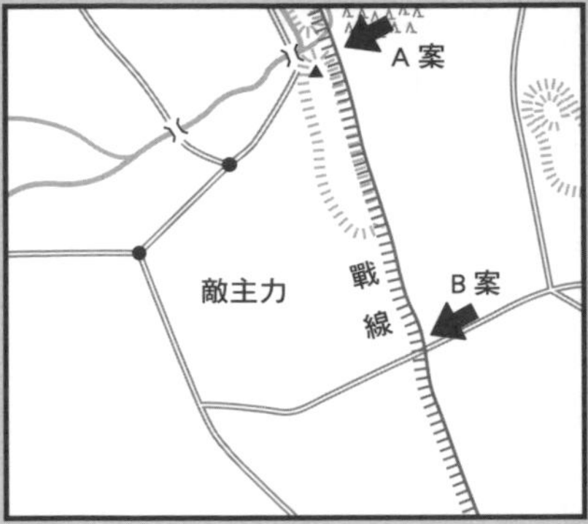

●選定突破地點

突破點的選定應考慮敵方戰線上的弱點，以及隨後即將進行的包圍行動。B方案的地形不利於防禦，攻擊方向有道路便於突破，但敵方領域內有平行於戰線的道路，因此敵方容易引誘預備部隊。而A方案的地形較難進行攻擊，但攻擊部隊可以在森林中集結並利用河流作為障礙，較容易阻止攻擊右翼的敵人。

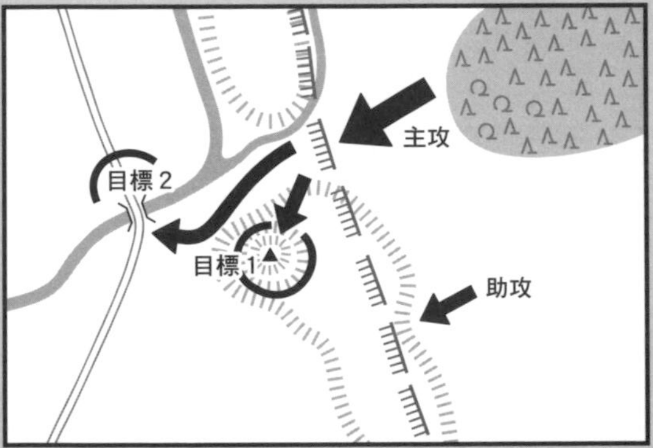

●突破要點

—突破攻擊的目的是什麼—

突破攻擊的目的是瓦解突破點附近的敵軍戰線。占領目標1的高地可以剝奪敵方砲兵的觀測能力，使砲兵火力難以發揮。通過我方的砲兵可以控制這一區域的火力。此外，可以利用這個高地來進行防守，以確保突破口。接著，奪取橋樑阻止敵方增援。選擇在這個位置部署助攻部隊是因為如果助攻部隊能夠突破，就可以向右迴旋，從而包圍主攻部隊正面的敵人。同時也要考慮主攻和助攻之間的協同作戰。

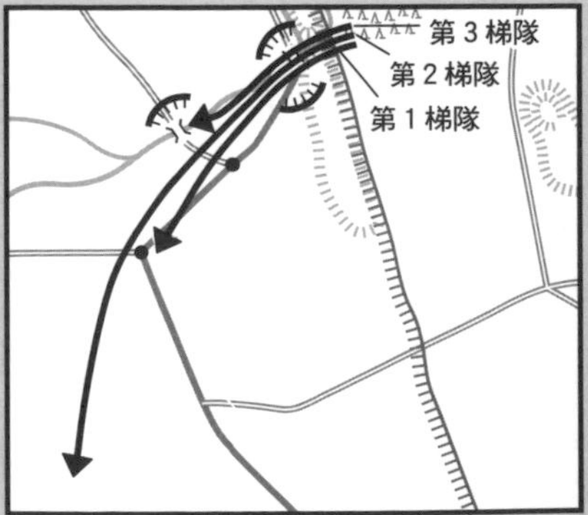

●包圍敵方主力

成功突破後，應持續前進並包圍敵人。為了防止戰力減弱，應將突破部隊分成幾個營。當先鋒的第一營消耗了戰力並停止前進時，第二營應立即上前繼續前進。第三營則應衝向外圍擊退敵人的側翼攻擊。

只有實現了包圍殲滅，才能算是達成了最終目的。從這個意義上來說，突破只不過是實現了包圍的前期階段。再次強調，無論是突破還是包圍，最終的目的都是俘虜和消滅敵軍部隊。

為此，一旦能夠分割防守方的組織化抵抗，就必須殲滅敵方的主力部隊，不允許其撤離。這時候具高度機動力的裝甲部隊就發揮了關鍵性的作用。在幾乎所有的攻擊場合中，機動力都是最有用的。

第二次世界大戰初期，德軍的裝甲部隊大顯神威，此後，在各主要國家的軍隊中，裝甲部隊就成為了大規模攻勢作戰中不可或缺的要角。戰術上的原因您應該已經理解了。

一旦成功捕捉敵軍部隊，在敵人轉入全周防禦之前，迅速攻擊其脆弱的側背面並將其摧毀；只有實現這一點，攻擊方才算是真正完成了攻擊目的。

其他的攻擊方法
——正面、側面、背面攻擊和滲透——

除了前述的攻擊方法外，還有正面攻擊、側面攻擊、背面攻擊，和滲透等。

正面攻擊就如同前所述，對敵人的整個正面施加廣泛的壓力。與突破不同，正面攻擊不是在狹窄的正面集中兵力以創造局部優勢，因此，除非擁有足夠多的兵力可以在廣闊的戰線上取得優勢，否則幾乎都會與敵軍陷入拉鋸戰，這通常都會導致巨大的損失，收效甚少。因此，常用於清除戰場上的殘存敵軍，或是妨礙敵軍撤退。

然而，如果攻擊方擁有壓倒性的兵力，防守方將會在戰線上的各個地方遭受到攻擊，無論有多少預備兵力都不夠用，最終當預備部隊耗盡時，整個戰線可能會一下子崩潰。這可以視為是一種飽和攻擊。

第二次世界大戰後期，聯軍最高統帥艾森豪將軍在法國北部至德國邊境的進攻中，採行了一種在廣闊正面上持續攻擊以分散德軍的「廣正面戰略」。這也可以歸類為正面攻擊。

側面攻擊與背面攻擊是指從防守方的側面或背面發起攻擊。由於不像包圍那樣有助攻部隊來牽制防守方的主力部隊，因此，除非防守方留有側面或背面的接近路徑，否則這種攻擊很難實現。最多只能用來攻擊疏於防備的先鋒部隊。

滲透是指小規模部隊分散行動，從防守方陣地的空隙像水一般地悄悄滲進後方。一旦滲透到後方，就可以集結起來奪取關鍵地形，切斷防守方的後方，進行包圍殲滅。像這樣在敵人戰線上開個小洞，再讓更大的部隊得以滲透，最終導致戰線的大規模崩潰。這種攻擊方式通常在防守方陣地具有空隙且地形複雜、不容易被發現的情況下使用。

艾森豪的廣泛正面進攻

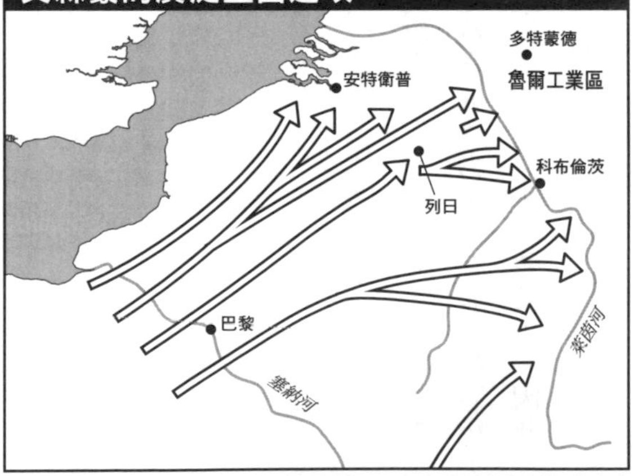

圖中展示了艾森豪為向德國發起進攻而於1944年秋季制定的計劃。艾森豪計劃利用聯軍的壓倒性戰力進行廣泛的正面進攻，使德軍無法應對。

在第一次世界大戰中，德軍首次系統性地使用了滲透戰術；在第二次世界大戰中，日軍則在南方叢林中廣泛使用。

這些攻擊方式有時也會與之前提到的迂迴、包圍、突破等戰術結合使用。

以上就是關於攻擊的相關說明，最後再次總結一些重要事項：

- 地形對戰鬥的影響非常大，選擇有利的戰場是贏得戰鬥的第一步。
- 攻擊時，首先考慮通過「迂迴」或「包圍」來擊潰敵軍。
- 如果這些方法完全不可行或是對我方較為不利時，則可以考慮從「突破」過渡到包圍。
- 最重要的是要捕捉並殲滅敵軍部隊。

就是這些了。

在第一次世界大戰中，德國利用突擊部隊（Stosstruppen）的滲透戰術企圖使敵方戰線崩潰。照片是奧匈帝國軍隊在意大利戰線上的突擊部隊。他們使用手榴彈和衝鋒槍等近距離作戰武器，還携帶了切割鐵絲網的切割器等工具。

第2章 防禦

擊破敵人的攻擊！

——選擇地形，構築陣地，奪取主導權——

繼前一章的「攻擊」之後，我們將在本章討論相應的「防禦」策略。「防禦」一詞，簡單來說，就是指粉碎敵人攻擊的行動。如果能粉碎敵人攻擊，接下來就有可能轉為攻勢，捕捉並殲滅敵人。

順帶一提，不以粉碎敵人攻擊為目的、單純只是拖延時間的行動稱為「遲滯」。遲滯在廣義上可以視為是「防禦行動」的一部分，但和這裡我們要談的狹義上的「防禦」還是有明確的區別的。「遲滯」是有明確的時間限制的，沒有明確時間限制的是「防禦」。當然，根據情況，也可能存在為了保持重要據點、掩護主力部隊集結或是進出而進行時間有限的防禦，但原則上防禦是持續到粉碎敵人的攻擊為止。關於遲滯，我們將在後續的章節中詳細說明。

如上一章所描述的，「選擇戰場」的權力基本上掌握在防守方手中。換句話說，這時候的主導權在防守方手上的。

選擇戰場時，首先要考慮的是不立於攻擊方發揮火力和機動力（火力與移動）的地形，而這對防守方來說卻是有利的。通常情況下，防守方在戰力上會處於劣勢，因此需要利用有利的地形來彌補戰力上的差距。

相對地，攻擊方為了抵消地形和準備上的劣勢，會試圖迂迴防守方選定的區域，在另一個戰場進行戰鬥；因此，防守方需要選擇敵人不得不攻擊的地點。

然後，防守方會利用峭壁或河流等天然地形來部署部隊、組織陣地。各個陣地應該要相互支援以避免被敵人各個擊破。

如果完全無法預測敵人的攻擊方向，那就需要組成「圓陣」，以加強陣地的全周防禦。多數情況都是可以大致判斷出敵人的攻擊方向，因此會將最堅固的部隊部署在該方向。這個方向就稱為陣地的正面，其左右兩側為翼側，正面的反方向即是背後。

然而，第二次世界大戰中傘兵部隊的空降作戰，現代戰爭中常見到的直升機空中機動，讓來自各方向的立體化攻擊越來越常見。因此，在現代戰爭中，周全的防禦就變得很重要。

話題回到第二次世界大戰中。為了避免防禦陣地被

在雪地上，德軍裝甲親衛隊的反坦克炮小隊部署了一門5cmPaK38反坦克炮。

輕易突破，陣地整體必須具備一定的深度，即縱深。因此，在部署時就必須選擇具有足夠縱深的地形。例如，狹小的島嶼就缺乏足夠的地形縱深。請注意，不要將地形上的縱深與陣地的縱深混淆。陣地的縱深無法超過地形上的縱深；但即使地形上有再多的縱深，陣地的縱深也會受到兵力上限的限制。

每個防禦陣地都要能相互支援，以免被敵人逐一擊破。此外，為了讓各陣地的火力能發揮最大威力，還需與地雷區和鐵絲網等障礙物一起配置。還要在後方保有機動力強的預備部隊，並考慮到主力部隊的部分轉移，以便能靈活地應對局勢變化。根據戰情變化，或在之前，配置部分部隊以攔阻敵人的迂迴行動，執行延翼運動來阻止包圍，或是投入預備部隊進行反擊。

防守方能掌控並採取行動的大概就是這些了。在防守方選擇了戰場之後，攻擊方可以根據自己的意志選擇攻擊的開始時間、方向和最佳的攻擊方式，並集中戰力。「什麼時候」「從哪個方向」「如何攻擊」的選擇權都在攻擊方手中。也就是說，戰鬥的主導權在這時已經從防守方轉移到攻擊方了。

如果攻擊方能在意想不到的時間、方向或方式上發動攻擊，那就會形成「奇襲」。防守方為了避免遭到奇襲，不僅要在陣地正面保持警戒，側翼和背後也不能放鬆。此外，還需提防來自空中的攻擊或是空降兵的奇襲，如果是古老的碉堡要塞，還可能出現來自地下坑道的攻擊。

如果可以通過情報收集或是偵察活動來掌握攻擊部隊的集結位置和時間，那麼防守方就能將戰力部署在特定的正面上。此外，如果能通過欺騙手段來隱藏部隊或是障礙物位置等陣地配置信息，攻擊方就難以選擇合適的方向和方法來進行攻擊了。

即使攻擊已經開始，也不一定就是主攻，可能只是為了吸引主力部隊的助攻行動；因此，防守方必須及早識破攻擊方的意圖，並集中戰力。即使在攻擊發起後，只要能保持靈活性，防守方就有機會通過投入預備部隊或是轉用部分的主力部隊來增援受敵軍集中攻擊的區域。

除了藉由以上的方式來削弱攻擊方在時間、攻擊方向上的優勢外，還可以誘導敵軍進入火力集中區，以奇襲似的強大火力削弱其攻擊力。再投入預備隊進行反擊，將敵方的行動限縮在應對我方的行動上，從而奪回原本屬於攻方的主導權。最終目的是粉碎敵人的攻擊，並轉守為攻。

正如上述，可將防禦視為一個過程，也就是在戰場選定後，防守方使用各種手段重新奪回主導權的過程。

1944年2月，在緬甸戰線上的阿德明盒（Admin Box）之戰（日本稱為第二次若開戰役）中，身處監視所，參與防禦部署的錫克教英聯邦士兵。在這次作戰中，日軍包圍了英聯邦軍，而英聯邦軍則建立了阿德明盒防禦陣地來抵擋日軍的強攻。

選擇適合當前情況的防守方式

——陣地防禦或機動防禦——

接下來，讓我們回顧第二次世界大戰中的實例——選擇防守方式的條件。

防禦大致可以分為：以火力為主體所進行的「陣地防禦」，和以機動打擊為主的「機動防禦」。然而，即使是陣地防禦也可能進行機動打擊式的反攻，而機動防禦也可能利用陣地作為機動打擊的立足點。所以並不是說陣地防禦就完全不會進行機動打擊，而機動防禦就完全不會利用到陣地。這樣的區分僅是相對的，取決於防禦的基礎是火力還是機動力，以及在兩者之間更重視那一個。因此，在整體的防禦中會涵蓋兩者。

一般來說，當需要確保特定區域，或是友軍部隊的機動力較低，或因地形限制、失去制空權等原因而難以發揮機動力時，會選擇陣地防禦。相反地，如果友軍部隊具有一定的機動力，且地形和制空權允許我方發揮機動性時，則可以選擇機動防禦。

在第二次世界大戰後期，處於劣勢的德軍在東部戰線對蘇軍展開了出色的機動防禦，但在西部戰線對盟軍的幾次作戰則未能如願以償。造成這種差異的原因包括：盟軍擁有壓倒性的制空權，這使得德軍裝甲部隊無法充分發揮其機動力。另外，*諾曼底地區多灌木的地形為盟軍步兵和反坦克炮部隊提供了絕佳的掩護，阻礙了德軍裝甲部隊的縱橫機動。特別是空中攻擊對部隊移動的干擾，讓德軍的裝甲部隊幾乎無法在白天移動，這一點的影響尤為顯著。

相反的，在東部戰線，由於蘇聯空軍對移動的干擾相對較小，德軍裝甲部隊得以在廣闊的俄

*盟軍的裝甲部隊在諾曼第地區的波卡治地帶也遇到了困難，但有位美軍士兵發明了稱為Hedge Row Cutter的裝置，用以拔除樹籬的根部並將其推倒，將此裝置安裝在坦克前方，從而改善了情況。

羅斯平原上自由馳騁，展現充分的機動力。此外，由於蘇軍缺乏半履帶式裝甲運兵車，除了坦克部隊外，其他部隊的機動力普遍較低，這也使德軍的裝甲部隊在機動力上相對占有優勢。

再者，相比於陣地防禦，機動防禦更有可能通過機動打擊對敵軍發動奇襲，即使是兵力大幅落後的德軍也有可能藉此獲得重大戰果。而且，由於機動防禦的部署較為流動，對於部隊的運用有更大的靈活性，這讓部隊指揮和編制上靈活多變的德軍在對抗僵化的蘇軍時更具優勢，這也是機動防禦之所以成功的因素之一。

因此，影響防禦成敗的因素非常多，必須全盤考慮，並根據當時情況進行綜合性的防禦。

以火力粉碎敵人的攻擊！
——陣地防禦——

那麼，就讓我們來看看「陣地防禦」和「機動防禦」具體包含哪些內容。首先是陣地防禦。

在陣地防禦中，防禦地區大致可分為以下區域：「前方區域」（也稱為「前地」），部署警戒部隊進行警戒；「主戰鬥區域」（主陣地），配置主力部隊，粉碎敵人的攻擊；以及後置預備部隊和後方支援部隊的「後方區域」。

在前方區域中，根據情況配置掩護部隊、警戒部隊、全般前哨、戰鬥前哨等。

掩護部隊是獨立於主力部隊之外，行動於主陣地之外的強力部隊，會積極地掩護主力部隊的行動。具體來說，他們會通過有限的攻擊來迫使敵軍展開戰鬥隊形，或是爭取時間讓主力部隊得以完成集結、佔領陣地等任務。此外，為了阻止敵軍早期佔領鄰近主戰區的重要地形，有時會設置前進陣地。前進陣地通常不會死守，而是會按照事先計劃好的路線來進行撤退。過程中會由後方的警戒部隊負責掩護。

由於任務特性的關係，掩護部隊需要具備一定的戰鬥力和機動力。因此，在第二次世界大戰中的步兵師團通常會以部分機械化的偵察營（規模和名稱因國家而異）或師團內的精銳步兵團為核心，加上砲兵營或工兵連等的支援部隊。

偵察警戒部隊的主要任務，正如其名，是警戒敵軍並在敵軍接近時發出警報，持續與敵軍接觸、進行偵察以了解敵情，並阻止敵軍對主陣地進行偵察。在某些情況下，也可能留下極小規模的偵察部隊在敵軍中，進行潛伏偵察。但基本上不要求偵察警戒部隊進行像掩護部隊那樣的積極行動。

偵察警戒部隊當然更注重機動力和偵察能力，而非戰鬥力。在大戰期間的步兵師團中，偵察營隊員會乘坐吉普車或摩托車進行巡邏，或以輪式偵察車監控敵軍。在第二次世界大戰之前，這相當於輕騎兵所執行的警戒線，即騎兵幕（Cavalry Screen）。

在掩護部隊和偵察警戒部隊的後方會設置更為固定的全般前哨（General Outpost，GOP）。一般會將其配置在主陣地的前方，盡可能地配置於砲兵部隊的射程範圍內。

全般前哨的主要任務是對敵軍的接近發出警報、阻止敵軍對主陣地進行偵察和延遲敵軍的進攻，當掩護部隊需要撤回主陣地時也負責掩護。最後，通常會將以上的任務交給後面要敘述的

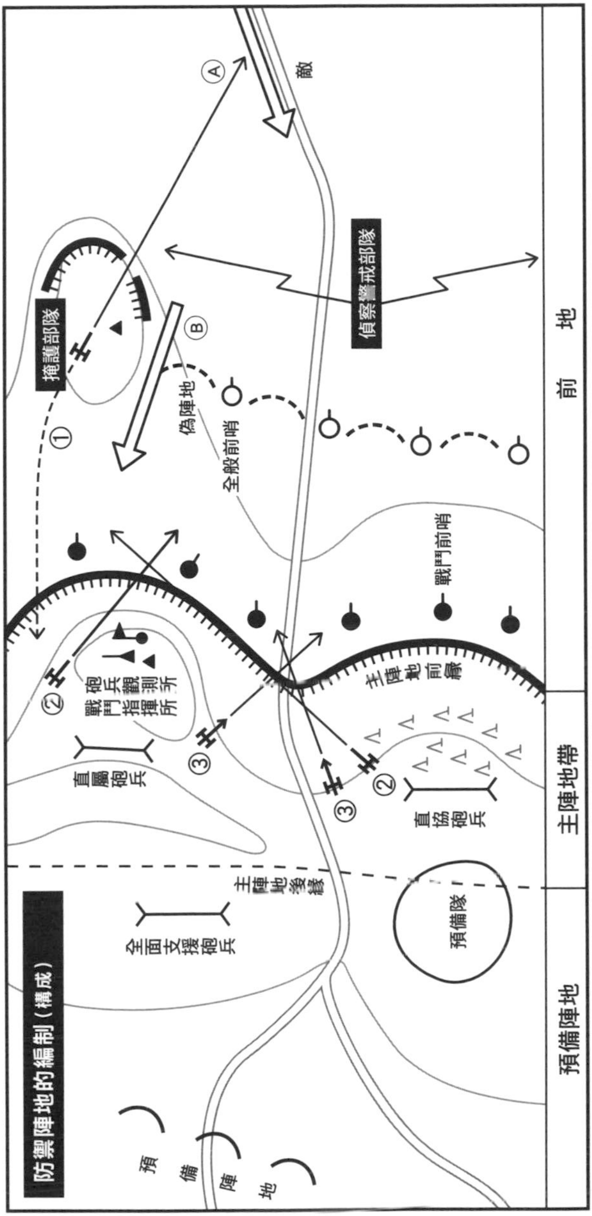

上圖展示了師級部隊的陣地組織。掩護部隊位於可以監視敵人前進路線的高地上，通過炮火迫使敵人展開（Ⓐ），後撤時使用隱密的①路徑避開敵人的攻擊。敵人的主要攻勢（Ⓑ）會指向高地，因為這裡海拔較高，可以俯視陣地深處（因此設有砲兵觀測所和指揮所），左翼高地設置了側防砲兵②以防止左右被包圍。此外，中央的凹陷地形更容易集中火力。在入口處的兩側部署稱為「逆八陣地」。此外，為了阻止戰車突破，在道路上設置③反坦克炮。

戰鬥前哨，並後撤成預備部隊。

全般前哨也會與偽陣地結合配置，以欺騙敵軍指揮官，使其誤以為那裡是主陣地。如果能夠讓敵軍攻擊偽陣地，就能爭取到時間，消耗敵軍的彈藥和兵力，同時還能觀察敵軍的攻擊模

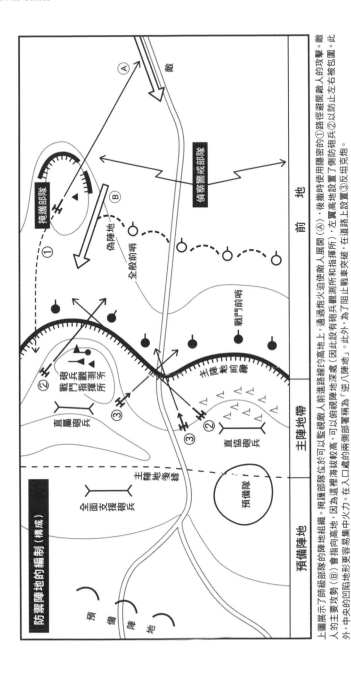

式。這樣做好處很多。

在主戰鬥區域的前方會設置比全般前哨規模更小的戰鬥前哨（同樣簡稱為COP）。其主要任務是對敵軍的攻擊發出警告、保護主陣地免於敵軍的觀測射擊或直接瞄準射擊，通常配置在主陣地的火力支援範圍內。可以將其視為主陣地前方的警報裝置。

這裡所說的都是基於美軍的分類，各國的分類和任務有些微的差異。例如：美軍至今仍然明確區分掩護部隊（Cavalry Force）和偵察警戒部隊（Reconnaissance and Security Force）的不同，而二戰期間的日軍則將部署在前方區域的所有部隊都統稱為「前置支隊」。

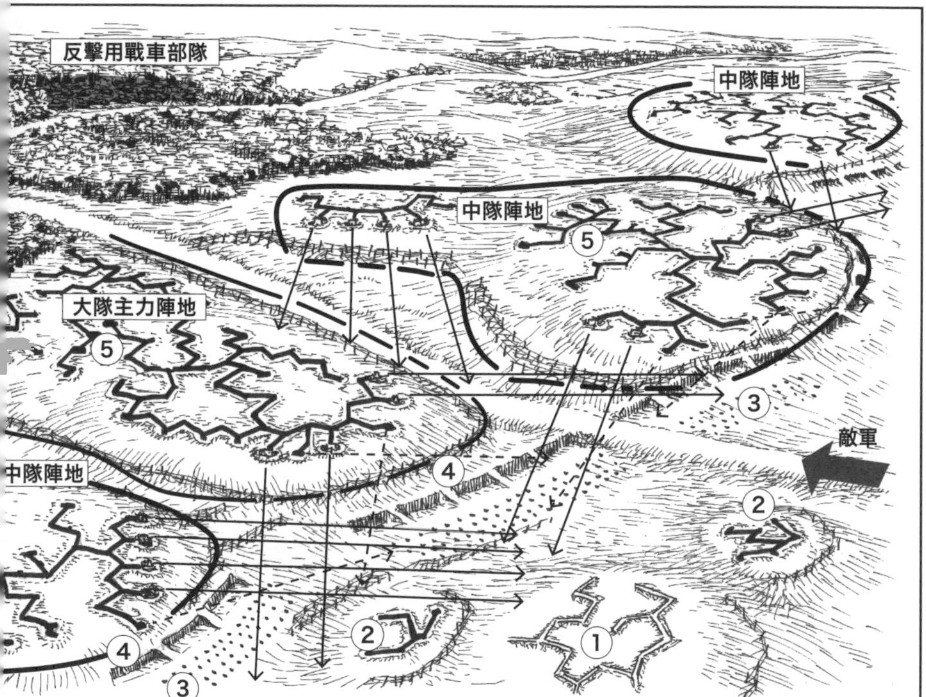

另一方面，德軍則將前置支隊、警戒部隊、全般前哨合稱為前哨（Verposten），僅將戰鬥前哨稱為觀測哨（Beobachtungsposten）。例如：無論是騎兵小隊在前方地帶巡邏，還是部署在前進陣地步兵營，全部都稱為前哨。觀測哨通常都配置有裝備重機槍的步兵小隊，其最大的武器是引導砲兵部隊進行炮擊。

這些名稱和任務上的差異反映了各國對於防禦理念的不同，非常有趣。

接下來，在主戰區內破壞敵軍的攻勢時，會利用地形將步兵部隊等守備部隊配置成可以相互支援的並列或重疊形式。二戰期間的步兵師團通常會配置增強的步兵聯隊，以配置2～3個工兵中隊作為支援。

過程中要注意，盡量不要形成容易成為弱點的突角，還要確保要有足夠的縱深。在主陣地後方要準備好預備陣地，以便在失去部分的主陣地時也能重新組織防線。自第二次世界大戰以

戰防砲陣（Pakfront）

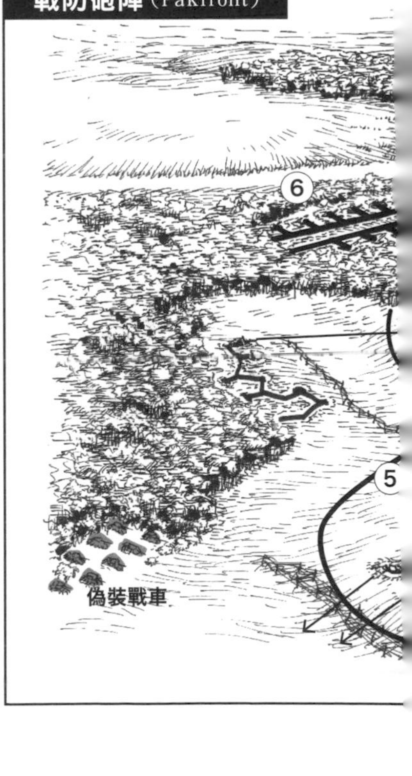

右圖展示的是蘇軍的深度防禦陣地「包圍戰線」。這是摧毀攻擊部隊的核心──戰車為主要目標的陣地。將強化的大隊視為一個戰鬥單位，陣地按照中隊的方式部署組織成堡壘式佈局，並利用反坦克火線（以實線表示）覆蓋陣地之間的間隙，形成擊毀點。陣地周圍配置了偽裝戰車和①偽裝陣地，後方則設有用於局部反擊的坦克部隊。②戰前哨③反坦克地雷區④反坦克懸崖。③④設計成誘導敵方坦克的擊毀點，以機槍（以虛線表示）火力網覆蓋使敵方工兵無法處理這些障礙物。此外，陣地前方是⑤迫擊砲和⑥直屬砲兵的火力控制區。

來，大規模的攻擊作戰通常都以裝甲部隊為主力，要吸收裝甲部隊的攻擊力，需要有特別大的縱深。

主陣地的側翼應該依靠堅固地形，像是無法通過的濕地或山地等，以免被敵軍迂迴包圍。如果做不到這一點，則需要採取措施，例如：撤回部分主陣地、在側翼部署掩護部隊。

陣地防禦的核心是火力。

將火力與地形、障礙物、防禦工事等相結合，組織成能有效發揮威力的防禦體系是最重

最終防護射擊

在叢林地區，運用砲兵進行遠距離攻擊來瓦解敵人的進攻是很困難的，這時美軍的「最終防護射擊」就顯得極其有效。它結合了重機槍的低彈道和迫擊砲的發射速度。攻擊的前2分鐘，重機槍以每分鐘250發的速度連續射擊（粗實線部分）。同時，以迫擊砲對凹地等盲點處進行平行發射（P177），形成彈幕射擊（斜線部分）。美軍多次通過這種最終防護射擊，擊潰了日軍的突擊。

要的。尤其是針對敵方裝甲部隊的主要進攻路線，應該要努力在縱深範圍內組織反坦克火力。二戰期間，蘇軍大量使用的Pakfront，就是一個具有縱深的反坦克防禦陣地的典型例子。

當敵方的火力或裝甲戰力特別強大時，將主戰區的前緣，也就是「反斜坡陣地」，設置在稜線前方會很有威力。敵軍在越過稜線前無法察覺到我方的部署，敵軍的突擊部隊一旦越過稜線就會與後方的支援射擊脫節，從而創造出極佳的反擊機會。大戰後期，日軍在對抗美軍的壓倒性火力時，就非常有效地利用了這種反斜坡陣地。

築壘作業非常在意是否能準確預測敵軍的攻擊發起時間，以及在有限的時間內合理規劃工事的優先順序。比如說，在正面左側完全未開工的情況下，與其執意將右側修成堅固的壕溝，還不如先將兩側都建成簡單但均等的壕溝，更為理想。畢竟敵人肯定會針對我方的弱點發動攻擊。地雷區或鐵絲網等障礙物旨在阻礙敵軍的接近和移動，或者將其引導至我方希望的方向，使我方的火力能打擊到敵軍的側翼。

在後方區域會配置預備部隊、預備陣地、砲兵部隊、各種後方支援部隊。在二戰期間的步兵師團中，預備部隊的主力大約會是一個步兵聯隊。預備部隊還負責警戒、防禦後方地區可能發生的空降作戰。

戰鬥時，防禦部隊的火力運用存在兩種思路：一是從遠處就開始進行射擊，逐步削弱敵軍力量；二是到了近處才進行突襲式的集中射擊，以期一舉殲滅敵軍。

從遠處就開始射擊可以增加射擊的機會，但也會增加被敵人發現的風險，還可能導致我方的早期傷亡。相反的，近距離的集中射擊可能會產生奇襲效果，給敵人造成重大的損失，但射擊機會也可能受到限制。在考慮這些優缺點的同時，還需要根據敵我雙方的武器性能、裝備和編制的特點、地形和天氣等因素，選擇合適的火力運用方式。

無論是哪種方式，何時開始攻擊的主動權通常掌握在攻擊方手中，因此，至少在初期，防守方必須處於被動來應對敵人的攻擊。但即便如此，防守方也必須協調各個陣地相互支援，維持統一的防禦體系，有效運用火力。盡可能地分割敵軍，特別是要分開敵軍的坦克和步兵，集中火力攻擊坦克。戰鬥中的坦克視野受限，

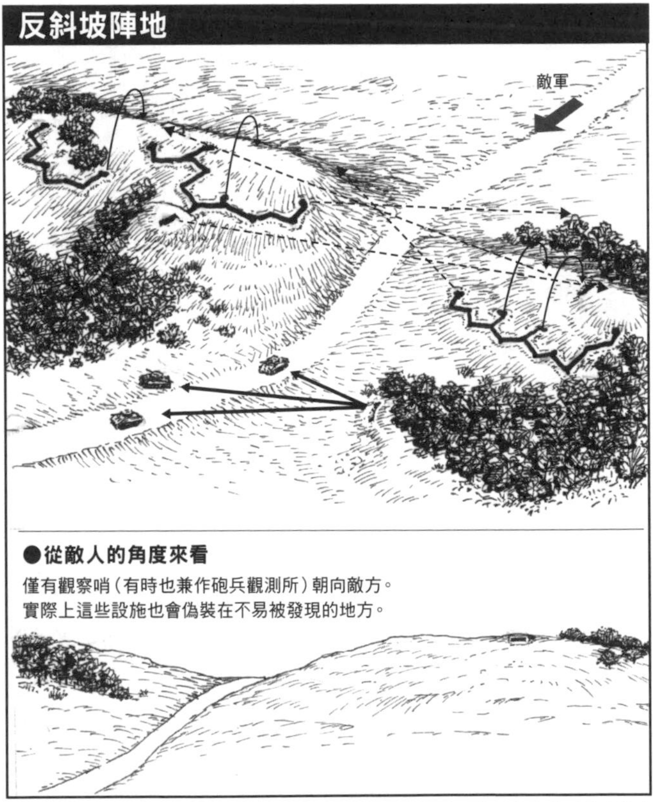

●從敵人的角度來看
僅有觀察哨（有時也兼作砲兵觀測所）朝向敵方。
實際上這些設施也會偽裝在不易被發現的地方。

面對美軍強大的火力攻擊，日軍則以「反斜坡陣地」應對。火力主要指向陣地上方的山脊（虛線代表機槍，曲線代表榴彈筒），同時，易受敵方坦克突破之處則用機槍封鎖，以實現步兵和戰車的分離。敵方坦克在陣地內會被速射砲（反坦克砲）從裝甲較薄的側面進行近距離射擊（實線），或是在步兵的近身攻擊下遭到摧毀。

少了步兵掩護的坦克很容易遭受近距離攻擊。此外，在戰鬥中也要不斷地監視敵情，不放過任何微小的跡象，並在敵人攻擊間歇時持續加固陣地。

可能的話，最好能在主要戰區前擊潰敵方的攻擊部隊。如果讓敵軍奪取了部分主陣地，那能做的只有反擊奪回陣地；或是後撤到後方的預備陣地，補強防線並繼續進行防禦。

反攻可以分為由防守部隊單獨進行的「局部反攻」和投入預備部隊進行的「主反攻」。當敵軍出現混亂、攻勢減弱或有這種跡象時，就要抓住時機發動反攻。利用火力切斷敵人的後援部隊，使攻擊部隊陷入孤立狀態，再進行機動打擊。這時如果未能完全制伏敵軍，發起反攻的守軍在撤出陣地防禦力暫時下降時，可能會遭受重大損失，要特別注意。

通過迫使敵方應對我方的防禦行動作出反應，奪回主動權。這樣就能粉碎敵方的攻勢。

用機動打擊擊破敵方部隊！

——機動防禦——

接下來，讓我們看一下機動防禦與陣地防禦的不同之處。

防禦的區域可以像陣地防禦那樣分為：前方區域、主戰鬥區域、後方區域，三個部分。

其中，主戰鬥區域是用來擊破敵方攻擊的區域，應該選擇適合我方打擊部隊行動的地區，且是有利於進行機動打擊的地形。這些攻擊立足點稱為「支撐點」。例如，二戰中，英國第八軍在北非的阿拉曼戰役中所進行的「超級衝鋒」作戰（該作戰本身是進攻），其支撐點就是基德尼高地，這成了第一裝甲師和第十裝甲師等部隊的進攻基礎。

進行機動打擊時，要在主戰鬥區域取得比敵軍更有利的位置，例如隘口這類的地形不僅可以幫助我方切斷敵軍和其後續部隊的聯繫，還能讓敵人難以掌握我方打擊部隊行跡。一般來說，進行機動打擊需要較大的縱深，因此主戰鬥區的縱深通常會比陣地防禦時還要大。

防守方的近接戰鬥部隊可分為警戒部隊、主戰鬥區的守備部隊，以及機動打擊部隊。其中，主戰鬥區的守備部隊應保持在最小限度，最大限度地強化主要防禦力量——機動打擊部隊。

將偵察警戒部隊和全般前哨配置在前方區域，這些部隊與陣地防禦時大致相同。二戰時的裝甲師團通常會配置機械化的偵察大隊，其主要任務也幾乎相同，但行動時要著眼於盡可能將敵軍引誘到有利於我方進行打擊的位置。

主戰鬥區的守備部隊分為配置在據點的據點守備部隊，和負責監視警戒據點前方和據點間的監視警戒部隊。所謂據點是指能獨立進行戰鬥、能阻止敵人擴大突破、成為機動打擊的立足點、支援機動打擊部隊、一但被入侵就會對進行機動打擊造成困難等的地點。

據點守備部隊的任務是保護機動打擊立足點，並支援機動打擊部隊。監視警戒部隊的主要任務則是透過巡邏等方式阻止敵人對陣地進行偵查，並為機動打擊創造機會。

由於守備部隊不需要太高的機動力，大多由步兵部隊擔任。二戰中的裝甲師團可能會讓下車後的摩托化步兵聯隊來擔任。

當師團規模的部隊進行機動防禦時，各據點至少會配置中隊規模的部隊，因為要獨立進行戰

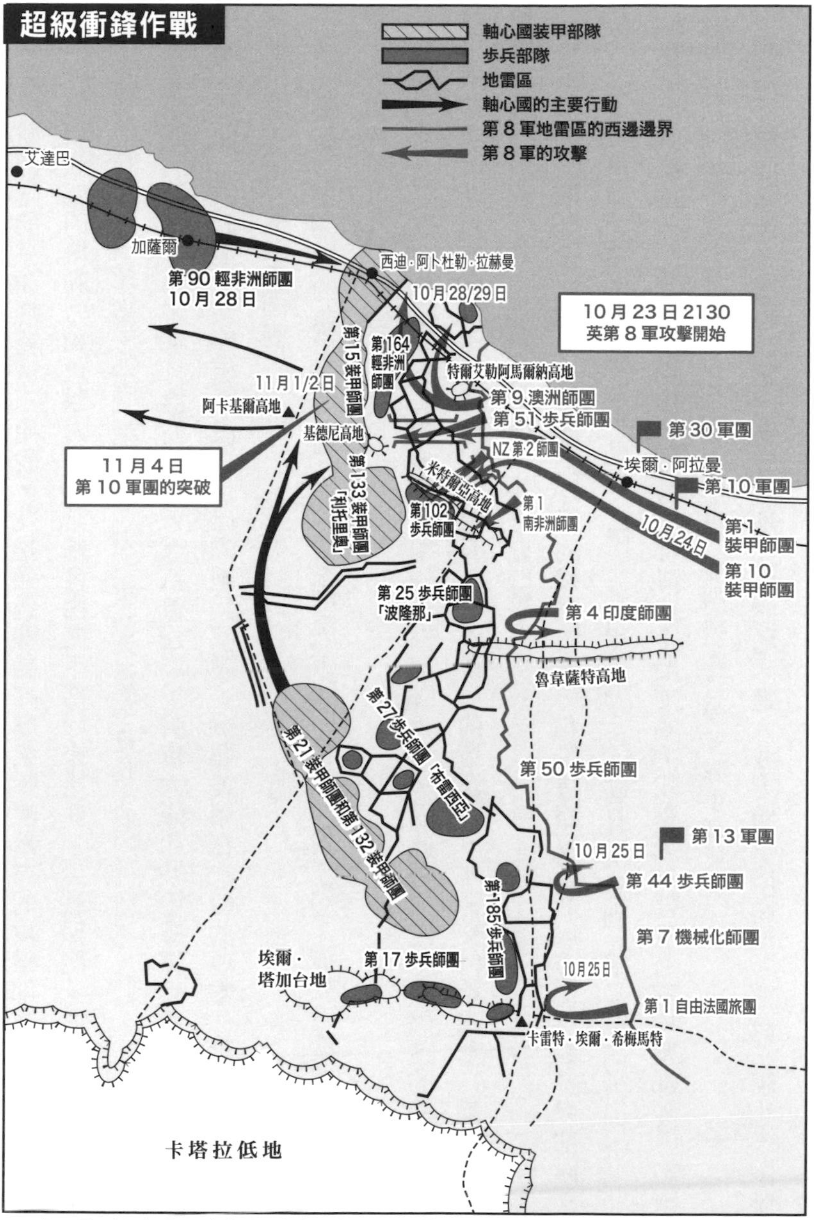

1942年10月23日，在埃及，由蒙哥馬利將軍率領的英國第8軍發動了「萊特富特」作戰，第二次艾爾阿拉曼戰役就此拉開序幕。英國第10軍團、第30軍團在戰線北翼展開進攻，南翼則由第13軍團發起攻勢。儘管深受地雷區的阻擾，但仍成功攻佔了基德尼高地和米特爾亞高地。從11月1日開始的「超級衝鋒」作戰，第10軍團的第1和第10裝甲師成為攻擊的主力部隊，在3～5日內便突破了德軍戰線。

鬥，所以需要中隊級別的部隊。

機動打擊部隊的主要任務，不用說，就是通過機動打擊來擊潰敵方的攻擊部隊。由於機動打擊部隊需要高度的機動力和攻擊力，通常都會由裝甲部隊來擔任。二戰期間，通常會由裝甲師團中的戰車聯隊和摩托化步兵聯隊作為主力，來執行這項任務。

二戰後期的德軍，為了進行機動打擊，重新組建了以戰車大隊和裝甲擲彈兵大隊為核心的裝甲旅。然而，由於這些裝甲旅並沒有自己的砲兵部隊，很難運用在一般的攻擊作戰中，不久後就被併進入常規的裝甲師團。

回到機動打擊部隊的運用上。這時要考慮的是部隊的移動路徑，為了發動奇襲式的機動打擊，必須隱蔽部隊的部署位置。

此外，機動打擊部隊還兼具有陣地防禦中的預備部隊角色，因此需要在主戰鬥區的後方或側翼、集結地等地，準備好預備陣地。但只有在迫不得已的情況下，才會交付給機動打擊部隊其他的任務，即便如此，也要盡量最小化投入的戰力。

築壘作業的重點在於加強支援機動打擊的據點防禦，和維持路徑暢通以方便機動打擊部隊移動。設置地雷區、鐵絲網等障礙物是為了阻止敵軍突進，以及將其引誘到我方期望的方向上。

攻擊一旦開始，防守方將利用偵察警戒部隊或全般前哨的攻擊來削弱敵方的攻擊部隊，造成前進混亂，並將其引誘到我方希望的位置，並讓機動打擊部隊準備反擊。

據點守備部隊要在主戰鬥區內堅守要地，引誘敵人進入我方希望的區域，並設法阻止、限制已經侵入的敵軍，切斷後援使其陷入孤立、分散的狀態，以創造機動打擊的機會。

當敵人的攻擊部隊陷入混亂、暴露出無防備的側面，或是出現戰車與步兵分離等情況時，便可以抓住機會發起機動打擊。在此之前，如果形勢有利，也可以提前攻擊已經抵達攻擊發起點的敵軍，或是突出的敵軍側面。這時應該盡可能地抽調守備部隊中的戰力，以增加機動打擊部隊的力量。

在機動防禦中，最難的是反攻時機的掌握。

被譽為二戰中德軍最優秀的將領之一——埃里希．馮．曼施坦因將軍，在1943年2月開始的第三次哈爾科夫戰役中，準確地判斷出蘇軍的攻擊主力——波波夫集團軍的疲態，果斷地發起逆襲，為這場戰鬥贏得了輝煌的勝利。

機動打擊的攻擊目標是侵入的敵軍主力，或是能對敵軍造成致命打擊的關鍵地形。攻擊的方向應盡可能地針對敵軍的弱點，如側翼或背面；至少也要是肩部（側面）。

如果機動打擊成功，使敵軍陷入極大的混亂，應掃蕩殘餘敵軍，並重新恢復原有的防禦態勢。如果失敗，則需迅速重整隊形，佔領預備陣地，持續進行防禦。

如果機動打擊導致敵軍陷入極大的混亂，並出現進攻轉移的機會，這時就不該給敵人重新整頓的時間，立即轉為進攻。此後，便不再是防禦，而是如何進攻的問題了。

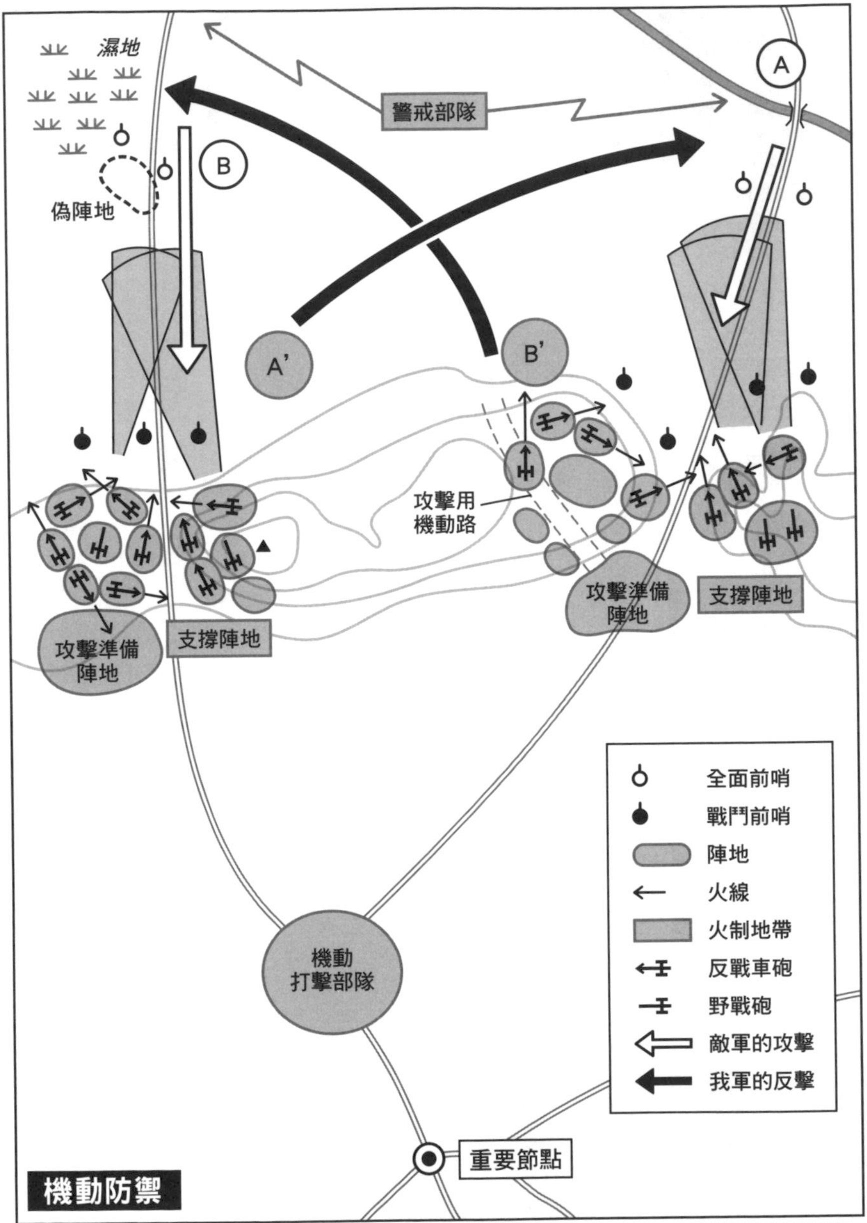

在機動防禦中，為了應對敵人從A或B方向進攻，會將機動打擊部隊部署在戰線後方。主戰區的任務是堅守陣地，直到機動打擊部隊發動反擊。此外，部署在陣地上的砲兵會瞄準敵人的後援部隊和補給線，使敵人盡快達到攻勢的極限。機動打擊部隊的反擊應具有高度的突襲性，因此需要事先計劃好攻擊用的機動路線。反擊方向的重要性不言而喻，對A發動攻擊，A'的部隊會朝橋樑前進；對B攻擊，B'的部隊則會朝濕地推進。分別進行，旨在包圍和殲滅敵人後方的反擊。

以上是關於防禦的說明。最後，讓我們總結一下有關防禦的重點：

- 防禦是為了破壞敵人的攻擊。
- 防禦中應利用選擇戰場、地形和準備上的優勢來抵消劣勢，並努力奪取主動權。
- 防禦分為以火力為主的「陣地防禦」和以機動打擊為主的「機動防禦」，需根據當時的情況來選擇合適的防禦方式，這點非常重要。

第3章 追擊、撤退與遲滯行動等

開始追擊！

——捕捉撤退中的敵軍——

在接續前兩章「攻擊」和「防禦」的主題之後，我們將討論可以說是應用篇的「追擊」、「撤退」和「遲滯行動」等。

首先，先讓我們簡單回顧一下前一章的內容。

攻擊方首先會嘗試發動「迂迴」，如果無法達成就進行「包圍」，還是不行則力求「突破」來進行攻擊。

在迂迴的情況下，攻擊部隊會繞過防守方來選擇適合的戰場，並在防禦陣地外捕捉、殲滅防守的部隊。在包圍的情況下，攻擊方會在防守方選擇的戰場上包圍防守部隊進行捕捉和殲滅。突破情況下，攻擊方也是在防守方選擇的戰場上突破防禦陣地，並在拓展戰果的過程中捕捉、殲滅防守部隊。無論是哪種情況，最重要的都是捕捉並殲滅敵軍。

在各自奪取攻擊目標後，都會進入「戰果拓展」階段。在迂迴或包圍中，奪取迂迴或包圍目標，也就意味著已經困住防守部隊了，因此，在隨後的戰果拓展中，會針對被困住的防守部隊進行殲滅或掃蕩。而在突破的情況下，在突破防禦區域並奪取突破目標後，需要在戰果拓展階段困住防守部隊。

如果防守方為了避免被困住，開始從自己選擇的戰場後退時，那麼攻擊方就要立即轉入「追擊」模式來捉捕防守部隊。因此，早在攻擊發動前，攻方就需預先做好追擊的準備，一旦發現守軍出現撤退的跡象，就毫不猶豫地發起追擊。

在追擊的行動中，最重要的就是發動時機。

通常，防守部隊會利用夜間或惡劣天氣，如大霧等視線不佳的時機開始撤退。也可能進行有限的攻擊或釋放煙幕來掩護撤退。為了確實掌握撤退跡象，偵察部隊或航空部隊的情報收集，和司令部情報參謀的準確分析，就變得格外重要。有時候也可

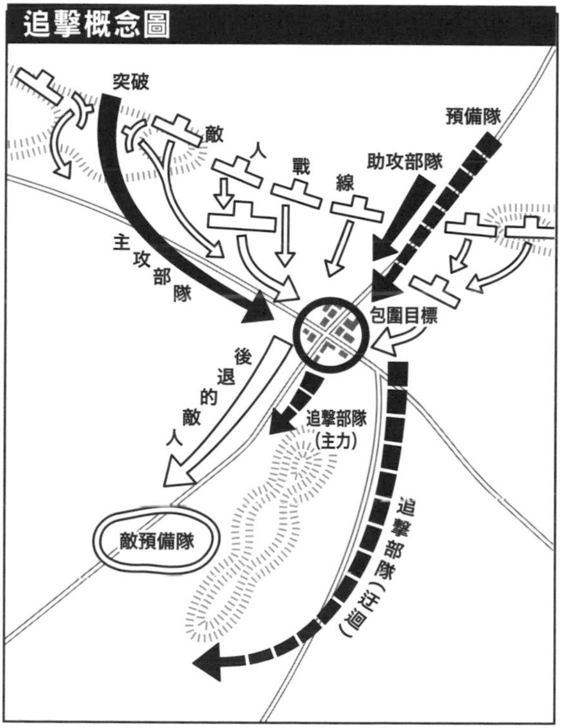

一旦突破敵方戰線，且即將完成包圍，敵人會因恐懼被包圍而開始撤退。就從這時開始進行追擊。通常會由預備部隊來進行追擊任務，並盡可能一舉突進到敵方深後處以捉捕敵方的預備部隊。因此，迅速突破後緊接著快速追擊，以在敵方預備隊還處於流動狀態（未準備好戰鬥）時，對它們進行捕捉是非常重要的。

以派遣小規模的偵察部隊滲透到後方。如果能在追擊的過程中持續保持接觸、實時報告敵情，對戰事的掌握將是非常有利的（如果是現代戰爭的話，還可以利用無人機）。

追擊的首要目的是捕捉試圖撤退的敵軍部隊。只是跟隨敵軍的後方稱為「追尾」，與以捕捉、殲滅為目的的「追擊」是不一樣的。

在執行追擊任務時，攻擊方必須保持最大限度的追擊速度，並利用一切手段來減緩敵軍的撤退速度。顯而易見，如果我方的追擊速度無法超過敵軍的撤退速度，那敵人就能成功逃脫。具體來說，應該要強化補給部隊，確保實行追擊的部隊能維持足夠的追擊速度，並將準備好的燃料、彈藥和食物等補給物資送至前線附近的集結點。此外，還需要增強工兵部隊，以便能迅速處理敵軍撤退時可能設置的地雷或道路障礙物。如果撤退路徑上有橋樑，敵軍有可能會在通過橋樑後將其炸毀，因此也需要準備架設橋樑的器材或渡河設備。如果預計會受到敵方對地攻擊機的干擾，則還需要防空部隊的支援。事前收集關於敵陣後方的道路網、橋樑等地形障礙物，或是可以用於防禦的丘陵或森林等地形信息也是必要的。

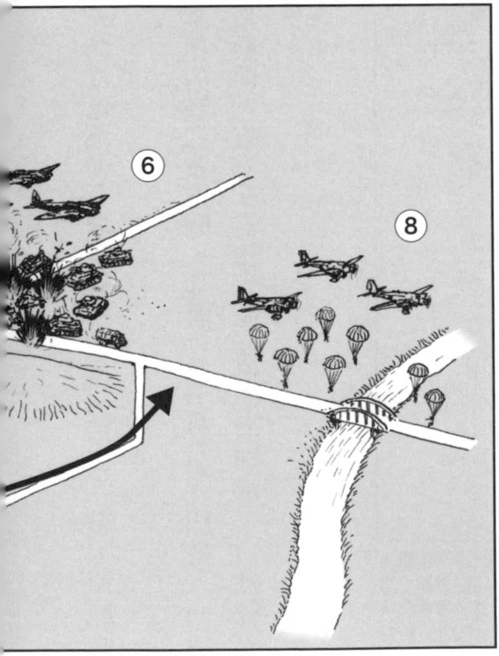

配備大量直升機，擁有極高機動力的現代美國陸軍第101空降師（空中突擊）。

追擊的具體例子

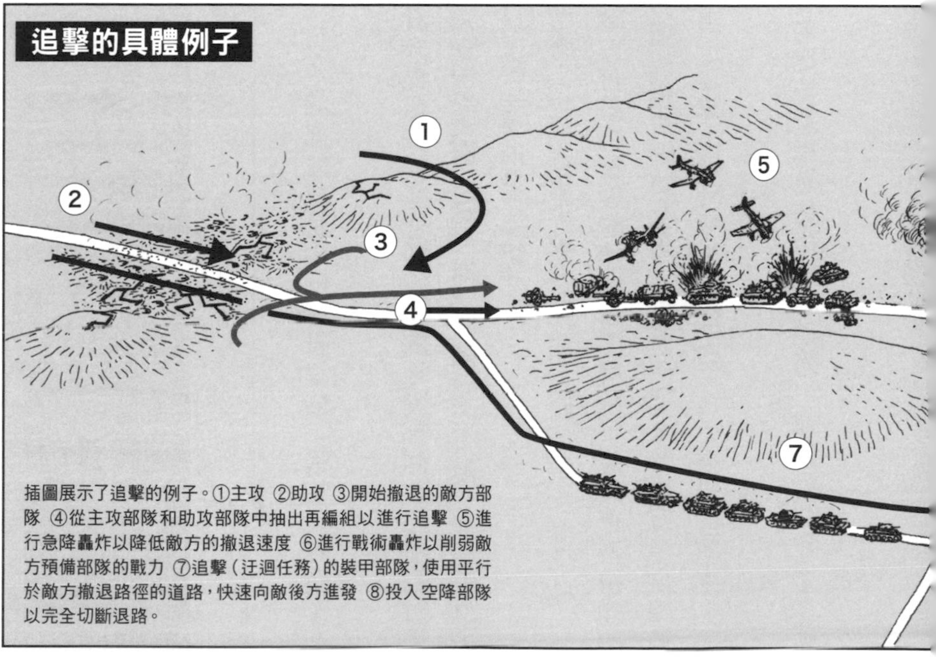

插圖展示了追擊的例子。①主攻 ②助攻 ③開始撤退的敵方部隊 ④從主攻部隊和助攻部隊中抽出再編組以進行追擊 ⑤進行急降轟炸以降低敵方的撤退速度 ⑥進行戰術轟炸以削弱敵方預備部隊的戰力 ⑦追擊（迂迴任務）的裝甲部隊，使用平行於敵方撤退路徑的道路，快速向敵後方進發 ⑧投入空降部隊以完全切斷退路。

高機動性的部隊，如裝甲部隊或機械化部隊，特別適合執行追擊任務。如果是沿著道路進行追擊的話，配置大量汽車的部隊也很適合。在大規模的追擊戰中，能空降至敵軍後方的空降部隊也很有用。順帶一提，世界上第一支空降部隊就是由蘇聯組建的，最初就是為了在攻擊時能完全切斷敵軍的退路而組建的。

談到現代戰爭，擁有運輸直升機或多用途直升機這些具有空運能力的地面部隊，將能進行更加靈活的空中機動作戰，這會是很大的優勢。例如，美國陸軍第101空降師（空中突擊）擁有近300架的直升機，具備巨大的空中機動能力，是執行追擊任務的最佳選擇。

追擊部隊大致可分為直接追擊敵軍的主力部隊，和進入敵軍後方的迂迴部隊。

主力部隊必須持續對敵軍施加壓力，不讓敵人有重新整頓的機會。這可以干擾敵軍有組織的撤退行動，阻止他們逃離，並在撤退過程中造成損失，將其逼入混亂狀態。為了避免全線潰敗，撤退中的敵軍可能會留下部分的兵力來阻止追擊，這時只需分配少量兵力來對付即可，主力部隊還是應該持續壓迫敵軍主力。

迂迴部隊則應該利用自己的機動力，沿著平行於敵軍撤退路線的道路，或進行空降（現代戰

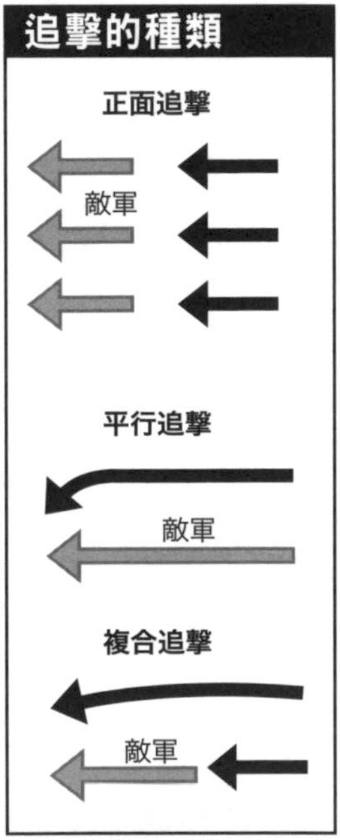

追擊的類型可大致分為三種。實施哪種追擊或轉變成哪種形式，不僅取決於雙方的戰力，還涉及地形、道路狀況、發動時機等因素。最有效的是「複合追擊」，但實際上正面追擊更為常見。

爭）進入敵軍後方，並確保退路上的橋樑、隧道、隘道等關鍵位置，以切斷敵軍的退路。即使無法繞道到敵軍的後方，也可以從側面進行襲擊來混亂敵軍的行軍隊形，降低其速度。同時，長程砲兵部隊可以對敵軍的後撤路線、交叉路口等進行干擾射擊，並使用地面攻擊機進行空中攻擊，干擾敵軍的後撤。

最終目標是捕捉並殲滅敵軍。

二戰期間，如果有三條追擊路線，那麼美軍裝甲師團會在每條路線上都部署一個以坦克大隊、裝甲步兵大隊和裝甲野戰砲兵大隊所組成的戰鬥指揮部（參見第二部 第三章 裝甲師團其編制和戰術──美軍）即CCA、CCB和CCR，同時進行追擊，並派遣高機動力的機械化騎兵大隊負責迂迴，以阻斷敵軍的退路。

對於正在後撤的敵軍，隸屬於美軍軍團的炮兵部隊會以155mm M2加農砲（俗稱「長湯姆」）進行干擾射擊，陸軍航空隊的P-47雷霆戰機則會通過空中高速火箭彈發動對地攻擊來阻礙敵軍移動。

現代的美軍裝甲師團，戰鬥指揮部A、B、R分別對應第1～第3旅，機械化騎兵大隊對應航空旅，軍團直轄的「長湯姆」則被多管式火箭系統MLRS（Multiple Launch Rocket System）所取代，P-47雷

裝載火箭彈和炸彈的P-47D 閃電式戰鬥轟炸機，將進行地面攻擊。

電霆戰機則換成A－10雷霆II。

回到追擊這主題。要注意的是，在追擊過程中不要被敵軍誘導進入對敵方有利、對己方不利的地區，從而遭到敵方的機動打擊。歷史上有很多過度擔心補給不足，或是落入敵方圈套而未能徹底追擊，錯失大好機會的例子。

舉例來說，在第二次世界大戰期間，北非戰線上的英國第八軍在「超級突襲」行動中，摧毀了德軍非洲裝甲軍的主力部隊，迫使其全面撤退。但由於燃料短缺和暴雨等原因，英軍放棄了追擊，未能捕捉、殲滅陷入混亂狀態的非洲裝甲軍。

停止追擊的原因不僅僅是因為補給不足或惡劣天氣，更可能是出於在過去的交戰中，英軍曾多次深陷非洲裝甲軍司令——隆美爾將軍的陷阱，而心存警惕。

開始後撤！

——準備離開戰場，迎接下一個作戰——

接下來，我們來看看與追擊相反，正在進行後撤的一方的「後撤」行動。後撤行動的目的包括：整頓戰線、調動兵力到其他地方，以及誘引敵軍等。

將部隊從突出戰線的部分後撤，可使戰線變得更加直線化；縮短前線後，還可以減少用於守備的兵力。利用這些多出來的兵力來加強防守上的部署，或是投入其他地方的進攻。

此外，有計謀的後撤可以誘使敵軍進入我方希望的位置。然而，計劃性的後撤有時候會演變成無序的潰退，要讓防守部隊在後撤的過程中實施有效的反擊是相當困難的。

可以將後撤行動理解為追擊的反面。但與追擊不同的是，在後撤行動中，不單單只是自願性的後撤，有時也會因敵方的攻擊而被迫後撤。

後撤行動分為兩個階段：首先是與交戰中的敵軍斷開接觸，以獲得行動自由的「離脫」；其次是部隊完成離脫後，進一步遠離敵軍的「離隔」。雖然離脫和離隔都屬於後退行動，但離脫的目的在於斷開與敵軍的接觸，以確保行動自由；而離隔則是在完成離脫後所進行的行動。

和追擊一樣，離脫的時機至關重要。正如在追擊中所描述的，為了隱藏企圖，離脫通常會在視線不佳的夜間或惡劣天氣下進行。即使是在各種感應裝置如夜視鏡、戰場監視雷達成熟發展的現代戰爭中，黑暗所帶來的隱蔽效果仍然十分顯著。

當被迫後撤時，有時不得不通過有限的反擊來阻止敵軍，並進行離脫；但即使是自發性的後撤行動，為了掩護和欺騙敵軍有時也會進行有限性的攻擊。

在後撤行動中，必須最大限度地維持部隊的後退速度，還要採取一切手段來降低敵軍的追擊速度。為實現這一目標，必須做好事前準備。

首先要從後勤支援部隊開始，逐步後撤，為前線作戰部隊準備好能一次性進行離脫的條件。此外，還需要讓後勤部隊根據需求在後撤路線上集結燃料、彈藥、糧食等補給物資，以便向後撤部隊提供補給。同時，衛生部隊也應在後退路線上設置包紮所和救護站，以便收容後撤中的傷員。在此期間，要注意，不要讓敵人察覺我方正在進行後撤準備。

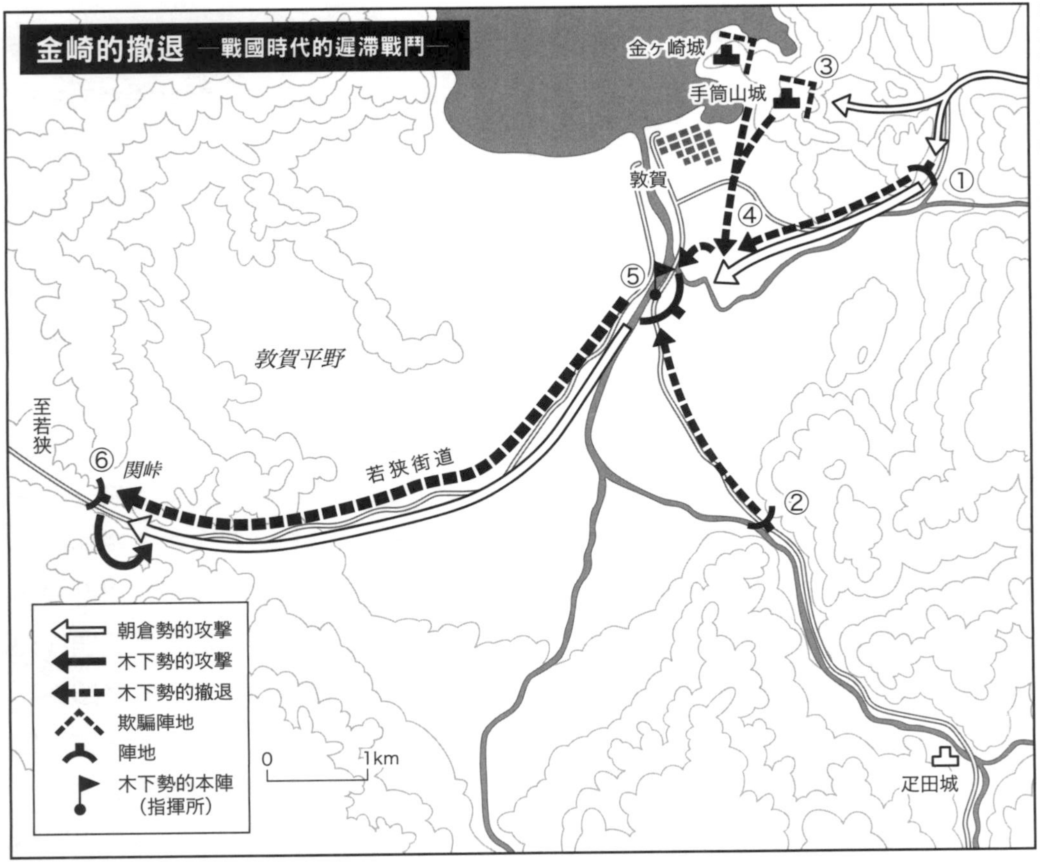

戰國戰史中最著名的遲滯戰鬥是由木下藤吉郎秀吉進行的「金崎的撤退」。木下部隊的任務是對朝倉和淺井部隊進行約一天的遲滯，以便織田主力部隊能夠脫離包圍。木下藤吉郎在隘路口設置了①針對朝倉部隊的陣地和②針對淺井部隊的陣地，並將③金崎和天筒山兩座城堡作為欺騙陣地，⑤自己則控制了渡河點。清晨，朝倉部隊前衛進入敦賀平原入口，被欺騙陣地迷惑，行動停了半天，隨後突破了①陣地。追擊後退中的木下部隊的朝倉部隊遭到從④欺騙陣地撤退的部隊的側面攻擊。在此期間，木下主力部隊收整了殘餘部隊，並點燃柴草藉由煙幕後撤。後退中的木下主力部隊在関峠前差點被捉，但⑥收容部隊對朝倉前衛的果敢攻擊使其成功脫離。日落時分，遲滯戰鬥成功完成。

〈摘自《歷史群像系列 驀進 豐臣秀吉》樋口隆晴所著「金崎撤退」〉

前線作戰部隊分為主力部隊和後衛部隊（為了與主力部隊中的「後衛」作區分，有時也會改稱為「殿後部隊」）。後衛部隊通常會被稱為「殿軍」，其任務是隱藏主力部隊的後撤行動，並提供掩護。他們會偽裝成主力部隊仍在積極地防守陣地，最後才從敵軍中離脫。

戰情嚴峻時，還需要有專門的掩護部隊來保護主力部隊和後衛部隊撤退。掩護部隊會在退路的側面部陣，排除敵軍對後撤路線的壓迫，以掩護主力部隊和後衛部隊撤退。敵軍可能會派遣空降部隊或是進行空中機動，甚至派遣部隊迂迴以阻止我方主力部隊的撤退，這些干擾行為都要由掩護部隊來排除。當主力部隊和後衛部隊完成撤退後，掩護部隊通常會自行進行遲滯行動並逐步後撤。關於遲滯行動的內容將會在下節詳細介紹。

後撤時，士氣通常會比進攻時更容易低落。尤其是敵軍大舉壓境時，讓傷員的後送變得十分困難，有時候甚至不得不將部分的士兵遺留在戰場上，這會讓士氣更加的低落。因此，指揮官必須特別注意，以維持後撤部隊的士氣和紀律。

由於士氣上的因素，一般來說，後撤作戰被認為是困難的。其中，後衛部隊的撤退更是一大挑戰。特別是在持續受到敵軍的壓迫下，被迫進行後撤。因此，後衛部隊的指揮官通常都是由最優秀的軍官來擔任的。「把殿後的任務交給他就沒問題了」這是對指揮官的最高評價。

一般來說，防守部隊損傷最為嚴重的時候，除了被完全包圍外，就是後撤時出現的混亂狀況。中世紀以前，士氣的影響尤為顯著。戰國時代的織田信長在長篠之戰中大量使用鐵炮，對武田軍造成重大打擊時，其最大損失並不是發生在敵陣前，而是在後撤的過程中。

成功完成撤退的部隊會在預先指定的集結地暫時集結，然後再進行進一步遠離敵軍的離隔行動。為了準備下一步的作戰行動，他們會移動到更適合後續行動的位置。

離隔的準備工作與離脫幾乎相同，從後方的支援部隊開始逐步後退，並在退路上放置補給物資，以便逐步交付給後撤的部隊。同時還需要確認道路網和其他友軍的佈署和展開等情況。

通常情況下，主力部隊離隔時的掩護任務會由離脫時的掩護部隊繼續擔任。長距離離隔中，主力部隊可能會根據需求派遣自己的後衛部隊、前衛部隊或側衛部隊來進行警戒。離脫後的主要警戒目標有：敵軍的空降行動、空中機動、特種部隊的干擾，以及敵軍航空部隊的對地攻擊等。

完成離隔後，部隊會開始準備迎接下一個作戰行動。

遲滯與遲滯行動

──保存實力、爭取時間──

最後，讓我們來看看遲滯和遲滯行動。

遲滯指的是單純的拖延時間，必不包含有粉碎敵方攻擊的目的。雖然它包含在廣義的防守行動中，但只要能爭取到時間，任何行動都可以採用。極端情況下，甚至可以發動進攻。

順帶一提，在日本陸上自衛隊中，為了保存戰力而避免決定性的戰鬥，並放棄一定區域以爭取更多時間的行為稱為「遲滯行動」，與單單只是為了贏得時間的「遲滯」有所區別。在遲滯行動中，除了爭取時間外，還有保存實力的元素。

如果可以不在乎戰力的話，那只要在重要據點上下達死守命令，至少就可以爭取到部隊被全部消滅前的時間了；這種程度的行動，任何指揮官應該都能做到。問題在於如何在保存戰力的同時爭取到時間，這是非常困難的，也是考驗指揮官能力的地方。

在遲滯行動中，常會利用構築多個陣地來爭取時間。這相當於防禦中的陣地防禦。另一種方法則是利用有限的機動打擊來爭取時間，這相當於防禦中的機動防禦。

在利用構築多個陣地來進行遲滯行動時，原則上每個陣地之間應該留有足夠大的間隔，以迫使敵方支援接近戰部隊的砲兵需要不斷地進行重新部署。也就是說，每當敵軍在進攻下一個陣地時都需要讓砲兵部隊重新展開，從而讓我方爭取到更多的時間。

砲兵部隊在重新展開時需要佔領射擊陣地、設置觀測所，進行目標區域的距離和方位角測量，才能以此計算射擊參數。計算射擊參數又需要複雜的計算，特別是在沒有電腦的時代，需要使用計算尺等手工計算工具進行長時間的計算。舉個例子，根據二戰時期的日軍經驗，砲兵團進行射擊參數計算約需11小時的作業時

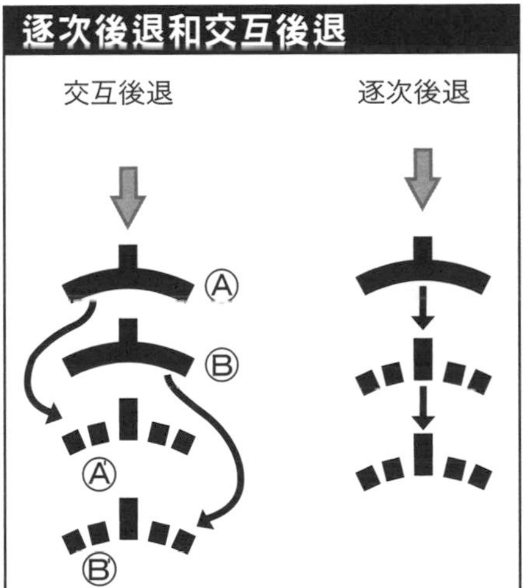

遲滯行動的方式有兩種：一是部隊逐一撤退到下一個陣地的「逐次後退」，以及兩個部隊交錯佔領陣地的「交互後退」。讓部隊連續進行後退較為困難，實戰中更傾向於使用交替後退。

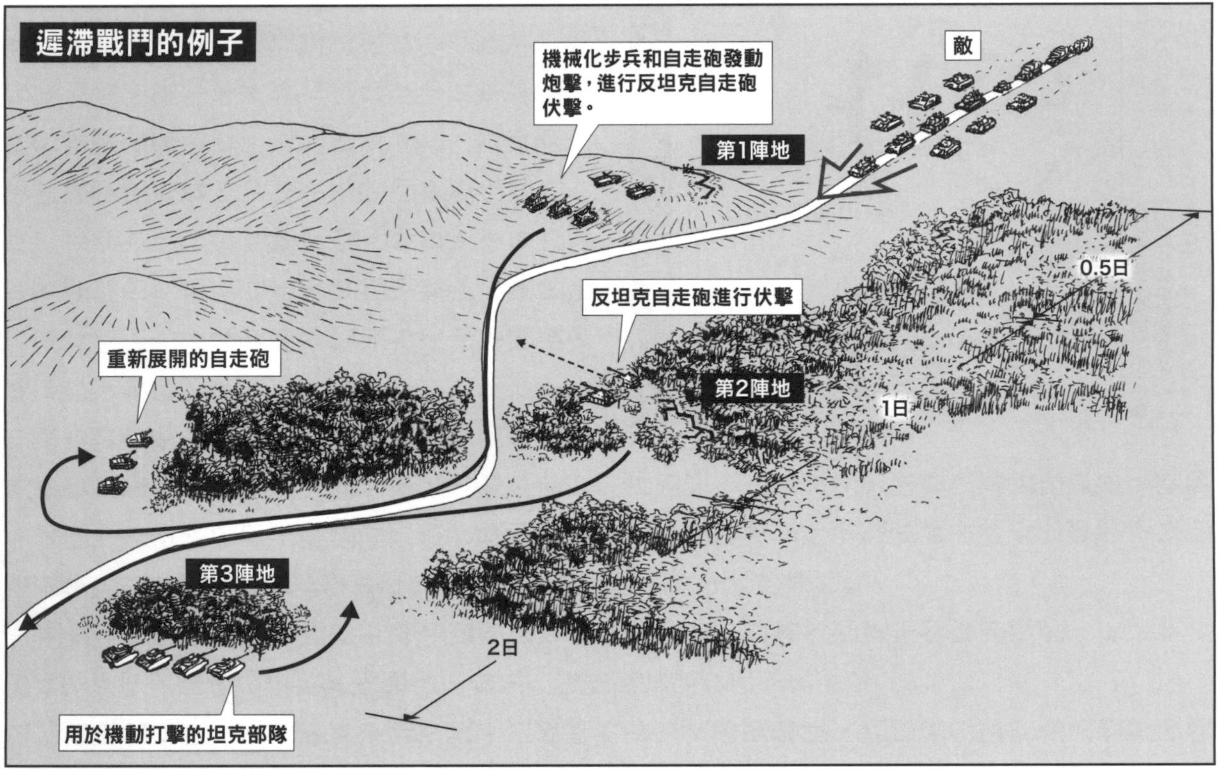

插圖展示進行了3天半交替撤退的遲滯戰鬥。每個陣地的地形和退路都是精心選擇的，能迫使敵人展開，並用少量的兵力防守，確保退路隱蔽。右側的數字表示每個陣地的持續時間。持續的時間根據部隊的戰鬥力和地形來決定。

間。換句話說，單單這個步驟就可以爭取近半天的時間了。如果陣地被突破，砲兵部隊又需要重新部署、重新計算射擊參數，同樣又需要近半天的時間。

然而，陣地之間的間隔越大越好嗎？其實並非如此。因為我們希望防守部隊能在一夜之間完成從一個陣地撤退到下一個陣地的行動。當然，這個距離會受防守部隊的機動力和陣地之間的地形等因素的影響而有所變化。此外，為了迫使敵方的攻擊部隊展開戰鬥陣型，最好將陣地設置在可以進行遠距離射擊的開闊地形上；為了避免在撤退時遭受敵軍干擾，退路也最好選擇能被遮蔽的路線。

如果敵我雙方的兵力懸殊，則最好選擇像是隘路這種無法完全展開的狹窄地形，例如連綿不斷的山脊或蜿蜒曲折的峽谷，這些地形都非常適合進行遲滯行動。

冷戰時期，日本的陸上自衛隊預計蘇聯裝甲部隊會在稚內登陸，音威子府一帶的地形很適合進行遲滯行動。因為國道40號線沿著蜿蜒流淌的天塩川穿梭其中。

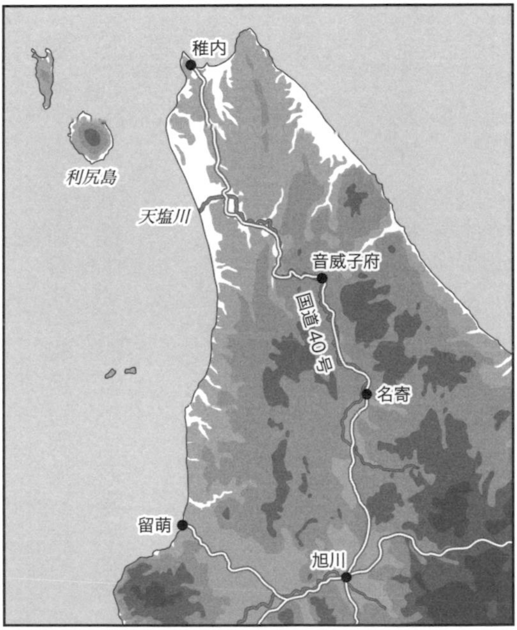

冷戰時代，如果蘇聯軍隊從稚內市登陸，陸上自衛隊將會在40號國道沿線上，像是音威子府附近實施遲滯行動。之後很可能在名寄以南由第7師團等裝甲師團進行反擊。

陣地的設置位置需要綜合考慮各種因素。

當敵方攻擊部隊接近時，首先要讓部署在陣地前方的偵察警戒部隊進行阻撓。接著，陣地中的主力部隊開始從遠處射擊，迫使敵方部隊提前展開。然後，通過設置地雷區等障礙物和火力盡量阻止敵軍靠近陣地，以避免陷入近距離戰鬥，保存戰力。

然而，如果所有的防禦陣地都開火進行射擊，攻擊方就能輕易掌握陣地的全貌，迅速做好攻擊準備。因此，防守方必須盡可能地隱藏陣地全貌，讓敵人需要花更多的時間來收集情報，以延遲其攻擊。換句話說，守備部隊需要在發揮火力迫使敵軍展開的同時，還要設法隱藏陣地位置，這的確是一項艱難的任務。

當敵人完全展開並開始發動全面攻擊時，主力部隊可能因此捲入近距離戰鬥，這時應該投入預備部隊盡可能避免近戰發生。

即便如此，當主力部隊不得不捲入近接戰鬥時，部隊將從前線陣地撤離，轉移到後方的新陣地上。如此反覆進行逐次撤退，持續進行遲滯行動。

或者，越過下一個防守陣地，直接後退到更後方的陣地。當新的前線陣地的守備部隊需要後撤時，也會越過下一個陣地進行後退。就這樣以兩個部隊交替後撤，來進行遲滯行動。

利用機動力來進行遲滯行動，則是通過有限的機動打擊來迫使敵軍展開攻擊部隊，從而贏得時間。因為要讓戰鬥部隊從行軍隊形轉換到戰鬥隊形，或是從戰鬥隊形轉換回行軍隊形都需要相當長的時間。

蘇聯第4裝甲旅在莫斯科附近的遲滯行動—1941年10月6日—

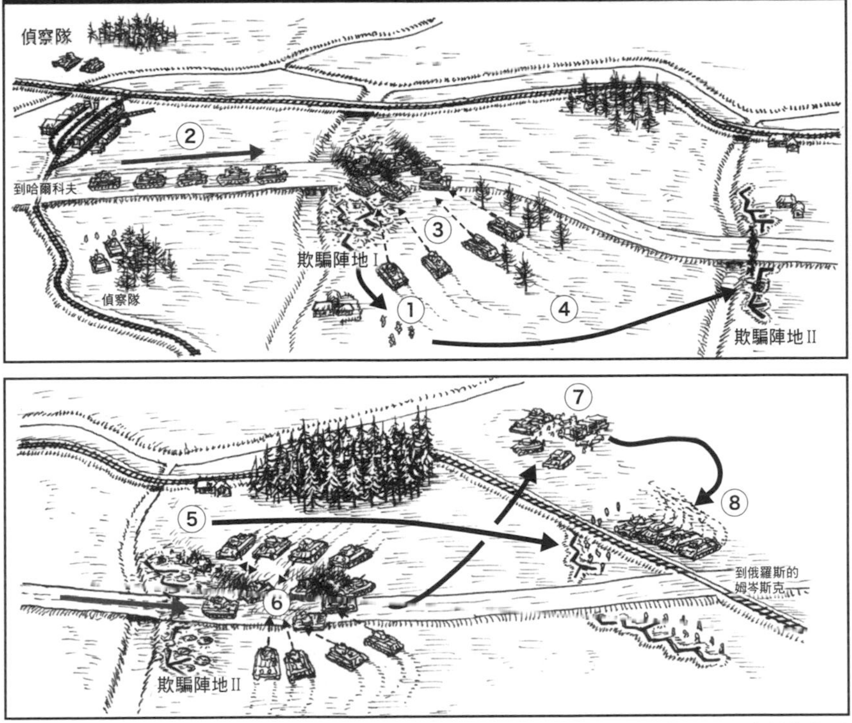

蘇聯第4坦克旅團長卡圖科夫大校的遲滯行動是一種結合欺騙與伏擊的巧妙手段。先在欺騙陣地Ⅰ部署步兵，以吸引砲火。攻擊開始前，①步兵部隊撤退，②德國的坦克部隊開始前進。當③德軍坦克接近欺騙陣地時，坦克部隊進行伏擊。造成敵方損失後立即撤退。④步兵部隊進入欺騙陣地Ⅱ，再次吸引砲火。⑤砲火結束後步兵再次撤退。⑥當德軍坦克到達欺騙陣地Ⅱ時，再次由坦克部隊發動伏擊。⑦伏擊結束後，在後方的維修補給處進行整備和補給，然後⑧再次展開行動。

例如，乘坐卡車移動的機動步兵在戰鬥前需要從卡車上下車才能進行部署，而乘坐裝甲運輸車的機械化步兵，在近接戰時也需要讓步兵下車。將下車、展開的步兵部隊重新集結，並再次上車進行推進也需要耗費大量的時間。

順帶一提，二戰後，各主要國家所開發的步兵戰鬥車（IFV）都會要求要具備能讓乘員在車上進行戰鬥的功能。這種乘車戰鬥力的一個優點就是節省時間，加快作戰節奏（不過，最早大量配備步兵戰鬥車的蘇軍更重視在放射性物質或有毒化學物質污染的地區，保持步兵的戰鬥力）。

回到運用機動力來進行的遲滯行動的主題。利用裝甲部隊執行快速打擊後撤離（所謂「打了就跑」）或有限度的機動打擊。由於裝甲部隊具有高機動力，可以在發動攻擊後迅速離開，不讓敵方有機會反擊。

在進行機動打擊時，要將敵軍的攻擊部隊引入我方希望的區域，再切斷其後續部隊，分割、孤立攻擊部隊後再進行攻擊。即使在這種情況下，主要目的也不是為了殲滅敵方部隊，而是爭取時間和保存戰力。二戰期間，蘇軍在莫斯科南方的穆茲涅斯克附近，由米哈伊爾．卡圖科夫大校率領的第4坦克旅對德國第24裝甲軍團進行巧妙的機動遲滯行動，就是個著名的案例。

無論是利用多個陣地，還是進行有限性的機動打擊，其主要目的都是迫使敵方的攻擊部隊提早展開。當主力部隊將被捲入近接戰時，就必須撤離並後退。說起來很簡單，但實際上，光是反覆進行撤離這件事就已經是困難重重了，因此，遲滯行動非常具有挑戰性。二戰中，雖然有部隊成功進行了遲滯行動，但卻耗損了大量的戰力；既保存了戰力，又同時成功地執行了遲滯行動的案例並不多見。

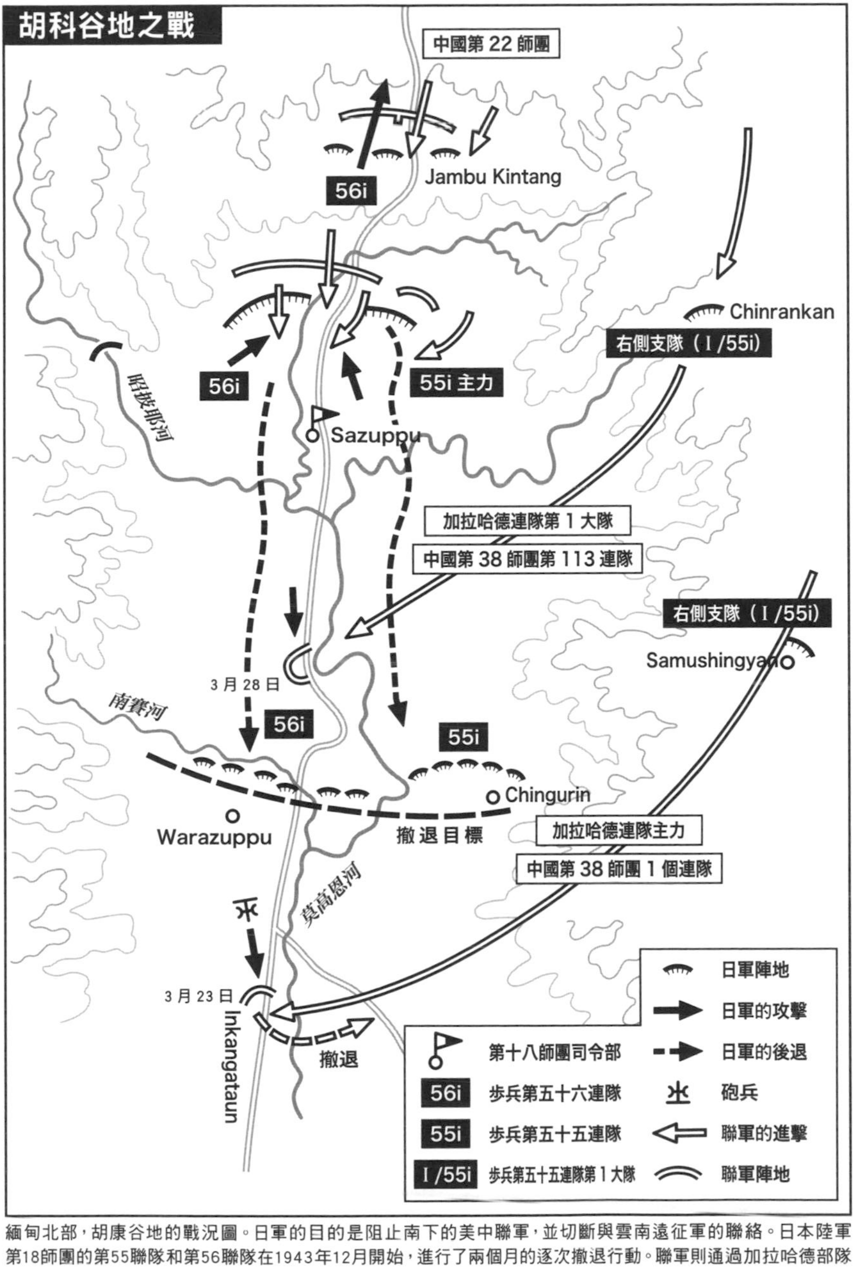

緬甸北部，胡康谷地的戰況圖。日軍的目的是阻止南下的美中聯軍，並切斷與雲南遠征軍的聯絡。日本陸軍第18師團的第55聯隊和第56聯隊在1943年12月開始，進行了兩個月的逐次撤退行動。聯軍則通過加拉哈德部隊的迂迴滲透，攻擊了日軍的後方。

瞭解戰術原理的意義

最後，我想談談學習戰術的意義。

本質上，戰術的原理是合乎邏輯的，也可以說是理所當然的。正因為是理所當然的，所以即使繼續閱讀也不會有什麼讓人驚訝，或是引起太大爭議的地方。指揮官做出理所當然的決策，部隊執行這些決策，這看起來似乎沒有什麼問題。

然而，當我們仔細研究戰史時，不僅可以找到雙方都按戰術原理來行動的案例，還可以找到許多違背戰術原理來行動的案例。

但是，如果不瞭解這些原理，就無法認識到有違背這些原理的行動發生，也無法思考違背原理的行動其背後的情況和背景。如果不瞭解原理，在新型武器或其運用出現時，就無法領會它們在戰術上的意義，也無法判斷它們將對戰術產生什麼樣的影響。因此，無論是為了理解過去的戰史，還是推測未來的戰場，對戰術原理的理解都是不可或缺的。

此外，本書所描述的並未涵蓋所有原理，而且原理本身就需要根據實際情況靈活運用。戰場情況千變萬化，變化迅速，難以預測。自古以來戰鬥的型態不斷變化，為了跟上這些變化，持續不斷地研究是不可或缺的。

後記

本書是將雜誌《歷史群像》（學習研究社／現：ワン・パブリッシング社）2002年8月號至2004年2月號期間連載的「戰術入門」進行重新編輯後的成果。換句話說，從作者最初撰寫原稿開始，大約已經過去了20年。

當時，該雜誌刊登的文章多是偏向歷史的戰史文章，以及關於軍艦、飛機、坦克等兵器的解說文章，關於這些硬體運用面的文章則相對較少，幾乎沒有直接涉及軍隊戰術、組織編制、用兵思想等軟體面的文章。

作者當時希望能對這種情況做些改變，本意是進行短期連載，但通過問卷調查等方式收到了出乎意料的反響，因此便成了超出預期的長期連載。

後來將這些連載文章與同雜誌上其他作者所撰寫的主題相近的四篇文章，和專欄等內容加以整合，於2008年出版了《歷史群像檔案VOLUME 2 戰術入門 WWII — 軍事基礎課程—》（學習研究社），這本書也獲得了好評。即使10多年後已經絕版，作者自己也驚訝地發現，在全球知名的互聯網書店上，即使是狀況相對較差的二手書，價格也至少是定價的1.5倍。

當初作者開始準備連載文章時，幾乎找不到有直接參考價值的日文書籍，尤其是關於各國軍隊戰術細節的資訊更是稀缺。即便是洋書，在上述全球網絡書店開設日文網站一年多後，也還沒有普及，在日本國內銷售軍事相關洋書的書店也寥寥無幾。因此，不僅是內容問題，甚至連哪些洋書已出版都難以得知。

在這種情況下，作者只能利用手頭有限的資料拼湊出每期的文章，自認當時的文章仍有許多不足之處。即便如此，作者仍希望後續會有類似主題的書籍出版來填補這些空白，如果後續有作品可以補充完善，自己也可以「以之安心」。

然而，即使過了約20年，似乎仍然沒有相同主題的書籍出現，前述二手書身價不凡的情況就是現實。

如今，在網路書店可以輕易搜尋並訂購有關軍事的洋書，各種歷史資料也開始在互聯網上公開；相較於當初，準確的資訊可以更容易地取得。因此，以現在來看當時的文章，即使是作者自己也會覺得內容顯得有些過時，需要修正的地方也不少。

此外，由於筆者對於用兵思想的理解比以前更為深刻，對戰術的思考方式也發生了變化，如果現在想要寫同樣主題的文章，可能不會採用這樣的結構。具體來說，至少希望文章能充分考慮到各國的軍事學說差異和戰術授權等的指揮法。

更進一步說，要深入理解戰術，理解更基礎層面的用兵思想是不可或缺的，筆者目前的立場是希望能撰寫出相關的書籍。

即便如此，考慮到目前市場上找不到同主題的新書，且二手書價格過高的情況，筆者認為在可能的範圍內進行修正並解決絕版狀態是有意義的，因此忍著羞愧之情發行了修訂版。

筆者深知本書有許多應受批評的地方，比起事實描述上的明顯錯誤，更嚴重的問題是缺乏對各國軍事學說差異的關注。

筆者希望，對於這些批評不是在社交網絡上隨意發言，而是能夠以整理成書的形式提出，這是筆者的願望。

2021年8月

田村尚也

〈作者簡介〉
田村尚也
畢業於法政大學經營學部。曾任職於馬自達株式會社、日產電腦科技株式會社（現為日本IBM服務株式會社），之後成為自由撰稿人。2016～2018年擔任陸上自衛隊幹部學校（於2017年底改編為陸上自衛隊教育訓練研究本部）講師（指揮幕僚課程、技術高級課程）。

二戰戰術入門

出　　版／楓樹林出版事業有限公司
地　　址／新北市板橋區信義路163巷3號10樓
郵政劃撥／19907596 楓書坊文化出版社
網　　址／www.maplebook.com.tw
電　　話／02-2957-6096
傳　　真／02-2957-6435
作　　者／田村尚也
翻　　譯／陳良才
責任編輯／陳鴻銘
內文排版／謝政龍
港澳經銷／泛華發行代理有限公司
定　　價／420元
初版日期／2024年7月

國家圖書館出版品預行編目資料

二戰戰術入門 / 田村尚也作；陳良才譯.
-- 初版. -- 新北市：楓樹林出版事業有限公司, 2024.07 面；　公分

ISBN 978-626-7394-97-7（平裝）

1. 戰術 2. 軍事裝備 3. 第二次世界大戰

592.5　　113007702